U0056177

Google行銷人傳授
數位行銷的
獲利公式

Essential Digital Marketing

遠藤結萬 著

王美娟 譯

前　言

世上的寫書人，無不希望每一位熟人都能閱讀自己的作品。

不過，真要賣書時，當然還是得指定目標，也就是搞清楚要賣給什麼樣的顧客。

雖然本書是為行銷人員、廣告代理商、未來想成為行銷人的學生而寫，但是我更希望中小企業、大企業、新創企業的「經營層」能夠閱讀這本書。

數位策略已逐漸成為企業的核心策略之一，不再是「要實施也可以」的附加策略。然而現階段，充分瞭解這項核心策略的人才卻不多。

真要說起來，會面臨這樣的現狀或許是無可奈何的事。

數位行銷是一個既複雜又奇特的領域。當中包括了SEO（搜尋引擎最佳化）、關鍵字廣告、展示型廣告（Display Advertising，Google稱之為多媒體廣告）、SNS（社交網路服務／社群網站）、內容行銷、原生廣告、DSP（需求方平臺）、SSP（供應方平臺）、DBM（DoubleClick Bid Manager）、O2O（Online to Offline）……光是要記住這些名詞就夠累人了吧？

走進書店一看，「Google Analytics入門」、「SEO指南」、「關鍵字廣告的基礎」……與數位行銷有關的書籍同樣多到不計其數，我們實在沒有足夠的時間全部看完。

本書即是鑒於這樣的現狀，以「能夠自行訂立核心策略」為目標，帶領參與企業決策的高階主管學習有關數位行銷的各種知識。

本書的主要對象為成立新事業或創業，因而打算自行展開數位行銷的人，內容則有以下3個特徵。

❶從策略層級去探討

本書與「SEO的技巧」或「Google Ads的運用方法」之類的書籍截然不同，是一本探討「該從各種數位措施中選擇什麼實行？」「該如何為措施安排優先順序？」的書。

據說日本企業鮮少有CMO（行銷長）或CDO（數位長），培育具備廣泛知識的人才可說是當務之急吧？

❷盡量用數字表示

相信各位在向客戶提議「就採取○○措施吧」時，應該都曾被問過「這樣一來能成長多少？能賺到錢嗎？」這種問題吧？

如果只寫出「推薦哪一種措施」，是不足以幫助各位實際推動策略的。為了讓各位瞭解○○措施實際上能帶來多少成效，本書盡量使用數字來解說。

❸旁徵博引

英文的數位行銷資訊，比日文的數位行銷資訊更加充實。故本書將以淺顯易懂的方式，介紹世界各地最先進的數位行銷案例，幫助各位瞭解、掌握國內外資訊。

過去至今，我透過各種形式參與企業的行銷活動。例如以Google的中小企業諮詢顧問身分，協助數百家以上的公司規劃廣告；此外也曾參與大企業、新創企業等各種企業的人才培育與策略擬訂。

　　我在這些過程當中發現了一件事，那就是「行銷組織無法發揮作用，正是因為開創事業的做法不正確」。

　　經營者只要求數字，現場則設法「粉飾」數字，廣告代理商提供的資料越來越厚，員工因過度勞動而受苦。

　　就是這個緣故，我才會興起「想要改變這種現狀」的念頭。

　　若要改變狀況，首先必須加深高階主管（包括經營者在內）對數位行銷的理解。

　　「總之，只要銷售額（安裝數／網頁瀏覽次數／註冊會員數）有所成長就行了吧！」

　　「只要能夠拉抬業績，做什麼都行。」

　　要是高層抱持這種心態，企業的行銷活動就不可能成功。

　　抱持這種心態的企業，絕大多數都無法推動PDCA循環，只能做到「PD」。也就是處於不進行C（查核），只是無止境地重複著P（計劃）與D（執行）的狀態。

　　推動數位行銷時，單靠「報告、聯絡、商量」是無法順利進展的。如果你不主動去得知、不主動去瞭解，就無法獲得真正需要的資訊。

　　當然，本書的內容不僅有益於第一線的行銷人員，對於非行銷人的讀者而言應該也有所幫助。

　　畢竟，無論你從事的是人事、業務、工程師還是其他職業，都不可缺少對數位策略與行銷的瞭解。

　　雖說本書的主題為「數位行銷」這個領域，不過現代的行銷很難不跟數位扯上關係。

　　本書並非專業書籍或技術書籍。

這是一本適合「沒空——深入學習」的大忙人，以及「想學習數位行銷」的上進者閱讀的商業書籍，期待本書能在各位執行「今後的工作」時派上用場。

　　　　　　　　　　　　　　　　　　　2018年8月吉日
　　　　　　　　　　　　　　　　　　　遠藤結萬

CONTENTS

前言 003

part 1 何謂預先行銷？
—— 從行銷著手

1-1 數位時代 018
—— 數位行銷帶來什麼改變？

何謂數位行銷？

數位行銷的特徵❶ —— 相互影響力

數位行銷的特徵❷ —— 個人化

數位行銷的特徵❸ —— 速度

數位行銷的特徵❹ —— 數值化

行銷3.0 —— 為了打造更美好的世界

1-2 預先行銷時代 029

預先行銷時代❶ —— 群眾募資的流行

預先行銷時代❷ —— 精實創業的流行

預先行銷時代❸
—— 透過內部試用重新檢視現有事業

part 2 這個東西真的有需求嗎？
—— 訂立行銷策略的方法

2-1 展開行銷之前❶ 036
—— 確認有無需求

何謂策略？

這個東西真的有需求嗎？

配合需求的行銷

該如何調查需求？

CONTENTS

2-2 展開行銷之前❷ 045
—— 設定明確的顧客形象

顧客的「需求」與「人口統計變項」

利用人口統計變項推測潛在顧客的需求

配合人口統計變項選擇媒體

2-3 展開行銷之前❸ 049
—— 掌握競爭對手與客戶開發管道

競爭對手是影響生意的關鍵

瞭解競爭對手

2-4 展開行銷之前❹ 055
—— 建立整合型團隊

從廣告心態，轉為整合行銷心態

不可或缺的「整合型組織」

造訪與到達網頁

2-5 展開行銷之前❺ 060
—— 定義品牌

媒體的差異 —— Tabelog與Hot Pepper

失敗案例 —— 酷朋

建構品牌❶ —— Facebook

建構品牌❷ —— Google

建構品牌❸ —— 蘋果

2-6 展開行銷之前❻ 068
—— 建立下意上達型團隊

從上意下達轉為下意上達

別再完全依賴廣告代理商

必須以行動為優先的時代

厚重的企劃書是失敗的根源

授權給現場

part 3 廣告這玩意根本沒人在看？
—— 數位時代的「RAM-CE」架構

3-1 為什麼需要架構？ 076

各式各樣的行銷架構

「RAM-CE」—— 行銷架構

3-2 程序❶ —— Reach（告知消費者） 078

資訊過多的時代

三重媒體策略

將流量分門別類

規劃流量投資組合

檢查流量的種類

3-3 程序❷ —— Attention（引起消費者的注意） 090

即使推出廣告也沒人會看？

創造性與消費者的關注

「眼睛」的相片能改變人的行為？

瞭解視線的移動方式❶ —— Z法則

瞭解視線的移動方式❷ —— 古騰堡法則

瞭解視線的移動方式❸ —— F法則

3-4 程序❸ —— Memory（讓消費者留下記憶） 098

留下記憶會發生什麼事呢？

講「故事」可避免被人遺忘

建構品牌並非易事

接觸頻率（Frequency）的效果

「認知」是不可或缺的嗎？

3-5 程序❹ —— Closing（締結成交）　103

賣不掉的原因是什麼？

購買的理由與不買的理由

締結❶ —— 讓訪客安心

締結❷ —— 精簡選項

締結❸ —— 簡化決策過程

締結❹ —— 循序漸進

3-6 程序❺ —— Engagement（互動）　113

智慧型手機的普及與「互相連繫的時代」

互動的歷史

電郵行銷與「垃圾」郵件

現代的電郵行銷

MA（行銷自動化）與潛在客戶培養

part 4　你在找什麼呢？
—— 搜尋引擎與SEO

4-1 搜尋引擎的誕生與歷史　120

Google的誕生與稱霸

4-2 SEO的基礎知識　123

何謂SEO？

必知的SEO用語

問題在於SEO，還是網站？

什麼是垃圾索引／黑心SEO？

4-3 展開SEO 133

SEO的基礎❶ —— 加上讓消費者一看就懂的標題與說明

SEO的基礎❷ —— 選定關鍵字/查詢字詞

SEO的基礎❸ —— 簡單易懂的網站結構與PLP

SEO的基礎❹ —— 加快網頁的載入速度

檢查點❶ —— 檢查搜尋排名與點擊率

檢查點❷
—— 用看完率與停留時間評鑑內容的品質

檢查點❸
—— 用跳出率、單次工作階段頁數評鑑UI

4-4 製作優質的內容 143

製作優質的內容❶ —— 網頁的目的

製作優質的內容❷ —— 內容的種類

製作優質的內容❸ —— 關於網頁的外部評價

製作優質的內容❹ —— 網頁品質的評估

製作優質的內容❺ —— 關於YMYL

總結 —— 什麼是優質的內容?

4-5 推動內容行銷/ 150 成立自有媒體的方法

何謂內容行銷?

這個媒體真的有存在意義嗎?

專業性高的內容與自有媒體

CONTENTS

part 5 在時時連繫的時代下
—— 社群媒體與行動革命

5-1 時時連繫的時代 156
—— 社群媒體帶來的改變

社群媒體的誕生

社群媒體與使用者屬性

5-2 影響者行銷 160

何謂影響者？

影響者行銷的效果如何？

5-3 Twitter、Facebook、Instagram、LINE 163
—— 社交網路服務的運用

KPI的設定

社交網路服務的特性

❶官方資訊型 —— 星巴克

❷使用者社團型 —— 良品計畫

❸自由風格型 —— 塔尼達

❹顧客支援型 —— 達美樂披薩

5-4 YouTube與影片行銷 173

影片廣告 ≠ YouTube

Live vs 短片 ——「直播」的好處

影片廣告 vs 圖像廣告

影片的長度與尺寸

part 6 全球最厲害的廣告工具
—— 關鍵字廣告

6-1 何謂關鍵字廣告（搜尋廣告）？ 178

搜尋廣告的誕生

跟業界平均比較看看

為什麼Google Ads會成為搜尋廣告的霸主？

SEO與關鍵字廣告的差異❶ —— 可在短時間內控制流量

SEO與關鍵字廣告的差異❷ —— 可操控廣告文案與到達網頁

SEO與關鍵字廣告的差異❸ —— 「廣告主＝顧客」

6-2 關鍵字廣告的基礎 187

關鍵字廣告的基礎❶ —— 廣告活動的結構

關鍵字廣告的基礎❷ —— 設定轉換

關鍵字廣告的基礎❸ —— 認識比對類型

關鍵字廣告的基礎❹ —— 去除無用的東西

關鍵字廣告的基礎❺ —— 儘管自動化吧

Google Ads與Yahoo! JAPAN Promotional Ads的差異

part 7 溫故知新
—— 展示型廣告與社群廣告

7-1 橫幅廣告的歷史 200

橫幅廣告／展示型廣告的誕生

廣告詐騙與數據的重要性

7-2 挑選媒體　203

Yahoo!與一般廣告

Yahoo! Japan與品牌看板（Brand Panel）

DSP與SSP

再行銷廣告

7-3 Facebook廣告與Instagram廣告的基礎　212

Facebook廣告的誕生與意義

Facebook廣告的特徵

Facebook的廣告格式

Instagram廣告

如何更好地運用？

7-4 Twitter廣告的基礎　216

Twitter廣告的類型

有效的運用方式

part 8 為了成功而失敗
—— 資料分析與A／B測試

8-1 為什麼資料分析如此重要？　220

數據民主主義時代

直覺靠不住？那就測試吧！

8-2 選擇正確的資料　224

該買的不是選手而是勝利

分析所需的指標

用更深入的指標測量（LTV／ROI）

用購買頻率（Frequency）思考

想一想哪個指標具有潛力

訂立基準值

細分數值（Chunk down）

單次客戶開發出價越低越好嗎？

8-3 Google Analytics的分析　233

Analytics分析的基礎❶ —— 按期間比較

Analytics分析的基礎❷ —— 按流量比較

Analytics分析的基礎❸ —— 按使用者屬性比較

Analytics分析的基礎❹ —— 按內容比較

Analytics分析的基礎❺ —— 轉換與歸因

Analytics分析的基礎❻ —— 綜合觀察

如何實施更精準的分析❶ —— 增加資料量／安排試驗時間

如何實施更精準的分析❷ —— 學習統計方法

如何實施更精準的分析❸ —— 增加蒐集資料

後記　243

何謂預先行銷？

—— 從行銷著手

數位時代
—— 數位行銷帶來什麼改變？

相信各位都很清楚，數位行銷與傳統的行銷不一樣。本節就來看看，究竟哪些東西改變了，哪些東西依然如故。重點有三：「相互影響力」、「個人化」以及「速度」。

何謂數位行銷？ >

　　拿起這本書的你，想必已充分明白行銷的重要性。

　　本書將行銷定義為「**execution（執行）以外的所有程序**」，數位行銷則定義為「**透過網際網路接觸顧客／潛在顧客的各種手段**」。

　　如果公司擁有自己的網站或SNS帳號，這時就需要行銷了。事實上，多數企業都在Twitter或LINE註冊了帳號，並且運用這類服務展開行銷活動。

　　另外，即便是未架設網站的小餐廳，也有可能登上評論網站。

　　也就是說，在今後的時代，**對絕大多數的企業而言「數位行銷是必不可缺的」**。

　　那麼，數位行銷跟從前的行銷相比，抑或是現代跟以前的時代相比，哪些東西不一樣了？又有哪些東西正要改變呢？

　　為了解開這個疑問，以下就來看看幾個具體的案例吧！

數位行銷的特徵❶ ── 相互影響力 >

請問各位聽過「中村印刷廠」嗎？這家位在東京都北區的小印刷廠之所以受到關注，都要歸功於Twitter的影響力。

2016年，該印刷廠的中村總經理，為了數千本賣不出去的筆記本而煩惱不已。

這些滯銷的庫存品就是日後成為熱門商品的「方格筆記本」[1-1]。

中村總經理與另一名經營製本廠的男性共同取得專利後，隨即推出這款筆記本。起初筆記本完全賣不出去，出乎兩位製作者的預料。

經營製本廠的男性認為自己也要為筆記本銷量不佳負責，可是他想不出解決辦法，只好把筆記本交給孫女，叫她送給學校裡的朋友。

他的孫女心想「雖然我用不到，搞不好別人會有需要……」，於是就在Twitter上宣傳這款筆記本。這則推文轉眼間就被轉推超過3萬次，自家公司官網的訪客也隨之暴增，並且陸續接到追加訂單。

後來，這款筆記本與大企業共同合作，如今成了量販店也買得到的熱門商品。

中村印刷廠並非花大錢打廣告，也不是利用交通廣告之類的方式大肆宣傳。

只是因為許多人認為「這個很實用」，這種正面反應在Twitter上掀起話題，才能將這項商品送到有需要的人手上。

不過，以下這個案例就跟中村印刷廠的情形完全相反。故事的主角是在大企業從事公關工作的普通粉領族。當時這位女性要去非洲旅遊，她在上飛機前打開Twitter，向自己為數不多的170名跟隨者，開了一個關於非洲的黑色小玩笑。

1-1：若松真平（withnews編集部）「『おじいちゃんのノート』注文殺到　孫のツイッター、奇跡生んだ偶然」withnews、2016年。
https://withnews.jp/article/f0160105002qq000000000000000W00o0201qq000012896A

她搭上飛機後，這則推文在網路上引起驚人的負面回響，遭到大批網友「炮轟撻伐」。

　　當天晚上，這位女性成了全世界最有名的人，而且還是以最糟糕的方式出名。她隨即遭到公司開除，之後更長期為心理創傷所苦。

　　乍看之下，這兩則故事的寓意全然相反。

　　「科技真厲害，不對，科技太可怕了。」

　　「我們是大壞人，不對，我們是大好人。」

　　其實，這兩則故事是在告訴我們：每個人都可透過「在網路上熱烈討論（無論好的意思還是壞的意思）」之類的方式，影響企業或他人，或是推廣喜歡的商品。

　　紀錄片導演強‧朗森（Jon Ronson）曾在TED演講中如此說道：[1-2]

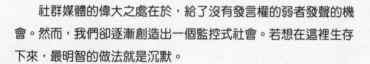

　　社群媒體的偉大之處在於，給了沒有發言權的弱者發聲的機會。然而，我們卻逐漸創造出一個監控式社會。若想在這裡生存下來，最明智的做法就是沉默。

　　我們現正生活在彼此都擁有影響力的時代，無法強迫他人接受片面訊息。不得不承認，這個世界發生了大型的典範轉移（Paradigm Shift）。

　　任何的企業活動都會產生相互關聯，都會遭到人們評論、發推、拍照、分享。

1-2：Jon Ronson/TEDGlobalLondon,"When online shaming goes too far",TED Ideas worth spreading,2015.
https://www.ted.com/talks/jon_ronson_what_happens_when_online_shaming_spirals_out_of_control

在社群媒體領域，即便只是一句失言都有可能害企業面臨龐大的風險，無心的一句話也可能讓一個人瞬間成為全世界都認識的名人。

20世紀的社會是由企業主導，現代的社會可說是由顧客主導吧。

請問各位聽過「F因素（F-Factor）」這個詞嗎？

F因素是菲利浦·科特勒（Philip Kotler），在著作《行銷4.0：新虛實融合時代贏得顧客的全思維》（中文版由天下雜誌出版）當中所提倡的概念。

F-Factor

☐**Family（家人）**

☐**Friend（朋友）**

☐**Follower（跟隨者）**

☐**Fans（粉絲）**

F因素是科特勒創造出來的名詞，為以上四者的總稱。科特勒歸納出行動社群時代下，能夠發揮影響力的各種因素，並提倡此一概念。

顧客或消費者的意見可透過口耳相傳迅速傳播出去，這也意謂著企業能夠立刻發現需改進之處。

顧客或消費者的口耳相傳能形成很大的力量，顧客的口碑也帶給企業極大的影響，這是數位行銷的一大特徵。

數位行銷的特徵❷ ── 個人化 >

數位行銷帶來的另一個大變化就是個人化。

個人化（Personalization／Personalize）

這是一項根據顧客的行為歷程、瀏覽紀錄等資料，優化內容的技術。

舉例來說，Google搜尋即是根據使用者的搜尋紀錄進行個人化，亞馬遜（Amazon.com）的推薦商品亦是根據顧客的購買紀錄進行個人化。

戶外廣告、電視廣告、廣播廣告、報紙廣告、雜誌廣告等傳統的廣告，是依據讀者、觀眾或聽眾的屬性選擇要投放的媒體。

反觀數位行銷則可詳細設定目標，其精確的程度更是傳統廣告無可比擬的。

指定目標（Targeting）

即針對特定顧客推出廣告或內容。我們可依據人口統計變項（使用者的屬性）或地區等要素指定目標。

不光是年齡或性別，就連居住地區、學歷、興趣、喜好也能夠詳細設定，如今我們還可以依據最近造訪的網站、最近搜尋的關鍵字、最近寄出的電子郵件（例如Gmail顯示的廣告，就是配合電子郵件的內容做變更）等等鎖定目標。

為什麼會將目標設定得如此詳細呢？
其中一個因素就是：網路上充斥著許多不相關的廣告。

根據「Marketing Dive」（專門提供行銷資訊的網站）的調查[1-3]，71%的消費者喜歡個人化廣告，最大的原因是「有助於減少不相關的廣告（46%）」。
一般人很難對與自己無關的訊息產生興趣。

電視廣告的目的是最大公約數式的宣傳，數位領域則是往完全相反的方向進化。
今後所有的訊息將變得更加個人化，以「專屬於你」的形式呈現吧。

1-3：David Kirkpatrick,"Study:71% of consumers prefer personalized ads", MarketingDIVE,2016.
https://www.marketingdive.com/news/study-71-of-consumers-prefer-personalized-ads/418831/

數位行銷的特徵❸ —— 速度

　　最後再舉一個數位時代的大特徵，那就是速度。舉例來說，若要播放新的電視廣告，通常得花上一段時間企劃與製作（再怎麼快也不可能在一、兩天內就完成）。報紙廣告同樣需要準備幾個星期。

　　不過，如果是數位廣告，情況就全然不同了。因為我們能夠在一瞬間得到消費者的回饋。

　　我們可以試著投放一個小時的廣告，假如成效不佳就修改廣告的文案，當然也可以變更部落格的文章。

　　但是，快速也有不好的一面。若問「數位行銷是否萬能？」答案是否定的。因為廣告週期變得太快，導致行銷人員不得不過度勞動。

　　「Digital marketing magazine」的「Digital Marketers Feel Overworked, Underpaid and "Lack Recognition"」這篇報導指出，英國的數位行銷人員平均每週加班8個小時，約有一半的人（46%）覺得自己過勞，約有三分之一的人（30%）覺得薪水不夠多[1-4]。

　　大多數的日本企業同樣沒有足夠的行銷人員。最後受苦的卻是這些行銷人員，或是廣告代理商的負責專員。

　　事實上，之前就曾發生廣告代理商的年輕員工，因過勞之類的緣故喪命的悲慘事件。

　　現代的企業必須瞭解到，數位行銷存在著不同以往的時間週期，並且要確保公司擁有足以應付此時間週期的人力資源。

1-4：Daniel Hunter,"Digital Marketers Feel Overworked, Underpaid and 'Lack Recognition' ",Digital marketing magazine,2016.
http://digitalmarketingmagazine.co.uk/articles/digital-marketers-feel-overworked-underpaid-and-lack-recognition/3646

數位行銷的特徵❹ ── 數值化

>

曾被世人譽為「百貨商店之父」的偉大行銷人──約翰・沃納梅克（John Wanamaker）說過一句名言：「我在廣告上的投資有一半是無用的，但問題是我不知道是哪一半無用。」

有史以來，廣告便有著這樣的缺陷。無論是電視廣告還是戶外廣告，要驗收成果都不是件易事。

不過，換作數位廣告就能較為簡單地檢驗成效。當然，並不是所有的數位廣告都能夠檢驗成效，但跟傳統廣告相比確實容易多了。這可說是數位行銷為廣告業帶來的重大突破。

大眾行銷領域有時會挪揄數位行銷人「只看數值，缺乏策略」，不過實際上，數位行銷人反而能以具策略性的視野，觀察更多的數值。

行銷3.0 —— 為了打造更美好的世界

全球最著名的行銷人菲利浦‧科特勒，在著作《行銷3.0：與消費者心靈共鳴》（中文版由天下雜誌出版，2011年）中表示，現已進入社群媒體時代，並提倡「行銷3.0」這個概念（圖1-1）。

圖1-1　科特勒所定義的行銷演進

	概念	時代特徵	年代
行銷1.0	以產品為核心	大量生產、大量消費	1950～1960年代
行銷2.0	以消費者為導向	價值的多樣化	1970～1990年代
行銷3.0	以人為本	願景導向	2000年代～
行銷4.0	自我實現	共創的時代	2010年代～

科特勒在這本書中如此說道：

> 我們正在目睹行銷3.0的興起，意即價值導向的年代來臨。
> 　　行銷人不再將人視為單純的消費者，而將之視為有思想、情感與精神的完整人類。
> 　　越來越多消費者的共同煩惱都是——如何讓這個全球化的世界變得更美好，並為此尋找解決方法。
>
> 　　在這個充滿困惑的世界裡，消費者期盼企業能透過使命、願景與價值，滿足他們在社會、經濟與環境問題上的深層需求。

> 在選擇產品與服務時，他們不只希望滿足功能與情感上的需求，還希望精神需求也得到滿足。

在數位領域裡，相互影響力有著很強大的作用。

換句話說，只要符合人們各式各樣的價值觀，商品或服務就有可能在意想不到的情況下獲得肯定，請各位先記住這一點。

若用「Google Ngram Viewer」（可查詢詞語在圖書中出現頻率的工具）來觀察，「Love（愛）」與「War（戰爭）」這兩個詞在圖書中出現的頻率不相上下。但是，若用Google Trends調查，卻會發現「Love」的搜尋熱度高了2倍以上（圖1-2、圖1-3）。

圖1-2　Google Ngram Viewer

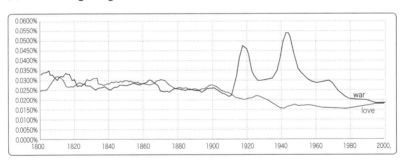

圖1-3　Google Trends

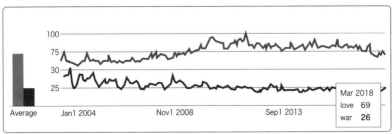

由此看來，我們在網路上或許更正面、樂觀一點。

Google Trends
(https://trends.google.com)

　　Google公司提供的工具，可調查搜尋量的變化或推移、比較不同的搜尋關鍵字。雖然無法得知正確的搜尋次數，不過可以查看趨勢的變遷、網路上的存在感等等，是很方便的工具。

預先行銷時代

本節要向各位提倡一個觀念：創立事業之前先展開行銷。以下就來說明，運用精實創業或群眾募資之類的流行手法時，「如何在較少風險下實施行銷」。

預先行銷時代❶ —— 群眾募資的流行 ＞

　　我想在本章向各位提倡「預先行銷」這個概念。預先行銷是指，應該在實際研發、販售產品之前進行的行銷活動。

　　舉例來說，假如網站上線前，企業就已累積一定的Twitter跟隨者人數、Facebook按讚數或電子報訂閱數，網站剛公開時的反應便會有所不同吧。

　　此外也別忘了，隨著智慧型手機的普及，企業與顧客建立關係的方法越來越多元多樣。

　　如同上述，在產品或服務公開之前先與顧客建立關係，也能給產品或服務帶來各種良好的影響。

　　2016年11月在日本上映的《謝謝你，在世界的角落找到我》，是一部描寫廣島縣吳市戰時生活的長篇動畫電影。

　　這部電影上映至今已超過一年半（截至2018年8月為止）卻仍未下檔，是罕見的長壽電影。據說邁入2018年後票房收入已超過27億日圓。

　　起初這部電影僅在63家戲院上映，後來在觀眾口耳相傳下好評逐漸傳開，最後上映的戲院超過400家。

　　其實這部電影，跟其他電影有一個劃時代的差異。那就是透過群眾募資（不特定多數人不求金錢回報的投資）籌措資金，作為部分的製作費用。當時共有3374名普通的粉絲贊助，最後募得資金約3912萬日圓。

這項群眾募資專案提供6種贊助方案,贊助者可從中選擇1種方案提供資金。據說若選擇某個方案,贊助者的名字就會出現在片尾字幕當中。

群眾募資(Crowdfunding)

指接受眾多贊助者提供的資金,並用金錢以外的方式回報贊助者的募資方法。

既然有粉絲在開始製作之前就願意掏錢,可見產品有一定的需求,而這些粉絲也會透過口耳相傳推廣產品,因此等產品真正完成後也可期待口碑在社群網站之類的地方流傳。

全球知名的群眾募資平臺「Kickstarter」(https://www.kickstarter.com),已於2017年9月推出日文版服務。

圖1-4為群眾募資的機制。

群眾募資並非捐款,而是不折不扣的行銷手法。

由於能在事前募得一定金額的資金,對製作方而言群眾募資這種機制也有頗大的好處。

像這種**在產品完成前或事業起步前透過行銷招攬顧客的手法,本書稱之為「預先行銷」**。

我為什麼要提倡預先行銷這個手法呢?

這是因為,過去至今有許多企業在未做足行銷的情況下失敗。

先確認是否有需求,確定之後才製作。如此一來,便可避開「製作出沒有人要的東西」這個最大的風險。

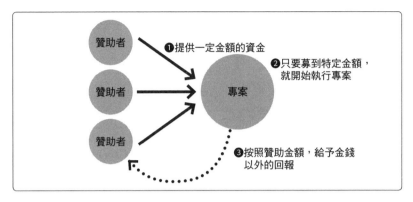

圖1-4 群眾募資的機制

贊助者
❶提供一定金額的資金

❷只要募到特定金額，就開始執行專案

專案

贊助者

贊助者

❸按照贊助金額，給予金錢以外的回報

　　預先行銷的手法不只群眾募資一種。有些新創企業在公開完成版產品前，也會先發布未完成的「Beta版」產品，邀請使用者「測試」，用這種手法吸引顧客。

Edsel的失敗

　　美國福特汽車公司（Ford Motor Company）推出的「Edsel」，是商業界最著名的失敗案例。當時，福特汽車公司擁有全球最強的市場調查能力。而這款汽車雖然具備各種功能與嶄新的設計，卻有個重大的缺點，那就是從未向顧客試賣過。

　　福特汽車公司盛大發表Edsel，並且在全美各地販售，然而最後卻落得慘敗的結果。不但車子幾乎賣不出去，還給福特汽車公司留下龐大的負債。

AdKeeper的失敗

　　獲得幾億日圓、幾十億日圓投資的新創企業或初創企業，也有可能面臨同樣的失敗。

　　AdKeeper這家新創企業，提供顧客「猶如剪取報紙廣告那般，將線上廣告保存下來」的服務。可是，籌到數千萬美元後才發現，顧客並不想要保存廣告[1-5]。

　　從前曾有人爭論，產品導向與市場導向究竟何者才是正確的。如今這可算是沒有意義的問題吧。

　　因為很顯然的，企業若沒做出顧客需要的東西，必定會慘遭滑鐵盧。

　　如何實現、呈現顧客需要的東西，是行銷人必須具備的能力。我們實在沒有理由不進行預先行銷。

1-5：Alex Kantrowitz,"What You Can Learn From Adkeeper's Epic Fail (And Pivot)",AdAge,2014.
http://adage.com/article/digital/learn-adkeeper-s-epic-fail/291725/

預先行銷時代❷ —— 精實創業的流行

　　預先行銷的觀念，也滲透到北美與歐洲生存競爭激烈的新創企業（初創企業）。

　　新創企業提供的是過去沒有的服務。也就是說，比起已證明有需求的現有事業，新創企業必須從更多的角度去研究顧客是否有此需求。

　　尤其是將豐田汽車的看板管理方式，應用於創業或發起新事業的「精實創業」，更可說是「行銷優先」的手法吧。

精實創業（Lean Startup）

　　這是一種盡量不花成本，製作出MVP（Minimum Viable Product，最小可行產品），以儘快獲得顧客回饋為目標的創業方法。

　　奉行「簡單起步，不訂立複雜的計畫」、「時時修正軌道」等原則，是新創產業主要採用的方法。

　　精實創業是美國創業家艾瑞克‧萊斯（Eric Ries）於2008年所提倡的方法。

　　萊斯在著作《精實創業：用小實驗玩出大事業》（中文版由行人文化實驗室出版，2012年）中表示，「最大的風險，就是製作一個沒有人要的產品」。

根據新創產業分析研究機構「CB Insight」的調查[1-6]，**新創企業（初創企業）的最大失敗原因，第一名就是「市場根本沒有需求」**。

精實創業的概念便是起源於這樣的現狀。

我們居住的世界充斥著不確定性，事情未必都會按照計畫進行。因此，企業必須時時與顧客保持連繫，並且持續改善產品或服務。

> ### 預先行銷時代❸ —— 透過內部試用重新檢視現有事業　>

「Dogfooding（內部試用）」、「Eating Your Own Dogfood（吃你自己的狗糧）」。

這是IT產業的現場很常見到、聽到的兩個慣用語。

這兩個慣用語的意思是：研發新產品或新功能時，要先在公司內部試用看看。

重新檢視現有事業時，我們應該也可以進行內部試用吧？

除了自家公司外，如果能請往來已久的企業先測試看看，應該就能明確知道之後該採取何種行銷策略。

1-6：RESEARCH BRIEFS,"The Top 20 Reasons Startups Fail",CBInsight,2018.
https://www.cbinsights.com/research/startup-failure-reasons-top/

這個東西真的有需求嗎？

—— 訂立行銷策略的方法

展開行銷之前❶
──確認有無需求

本章為各位整理了展開數位行銷之前應考量的策略。首先要做的就是「確認需求」。本節將介紹,如何使用搜尋工具確認需求。

何謂策略? >

　　本書**將策略定義為:事業起步後就難以變更的事項**。

　　換言之,策略就是早在商品研發階段、事業開發階段就該詳加考慮的事物。

　　舉例來說,當商品製作完成後,就算有人要求「我們沒有廣告經費,能不能想辦法單靠搜尋來獲得顧客?」通常也很難辦到。

　　「如何獲得顧客」即是策略,因為商品研發完成後就不易變更了。

　　增加Twitter跟隨者的方法、增加來自Google的訪客人數之方法……這些都只是「How To」,之後再學習就好。

　　多數企業的數位行銷課題不在於「如何進行」,而是在於「不知道該做什麼事」。

　　要是不曉得該做什麼事,當然沒辦法在研發商品或開發事業之前擬訂行銷策略。

　　首先該做什麼才好呢?本章就來回答這個問題。

這個東西真的有需求嗎？

我在Part 1也說過，對企業而言，**最大的風險就是「製作出沒有人要的東西」**。

因此第一個重點就是：考量需求。

說到「需求」，有些人或許會想到需要該服務的對象。

不過，有句話說：「你賣的不是鑽頭，而是鑽出來的洞。」如同這句話的含意，首先該考量的是顧客的需求或是對現狀的不滿之處。

汽車大王亨利‧福特（Henry Ford）曾說過以下這句名言：

「當初我要是問顧客想要什麼，他們應該會回答『跑得更快的馬』吧。」

當然，這句話並沒有錯。不過，要是你聽了這句話後，認為沒必要考量顧客的需求，那可就不對了。

另一個重點是，顧客總是「需要可以移動得更快一點，而且能夠自行操控，不需要一直餵食草料的交通工具」。

接下來，我們就以皮克斯動畫工作室（Pixar Animation Studios）的電影為例，一起試著評估顧客的需求吧！

皮克斯的電影是根據以下的概念製作的。

□《怪獸電力公司》……**形形色色的怪獸創立了公司**

□《玩具總動員》……**玩具全動了起來**

□《動物方城市》……**一個所有動物都能平等生活的國度**

雖然這些電影的概念都很天馬行空，但每一部都是容易抓住觀眾需求的作品。原因在於，這些都是「能讓大人省思，又能讓小孩子看得開心，可以闔家觀賞的電影」。話雖如此，就算再製作一部「玩具動了起來的電影」，也未必就能滿足觀眾的需求。

評估需求的方法五花八門，重要的是定義需求時要聚焦於某個範圍，但又不過度縮小範圍。

圖2-1　觀看電影的顧客有各式各樣的需求

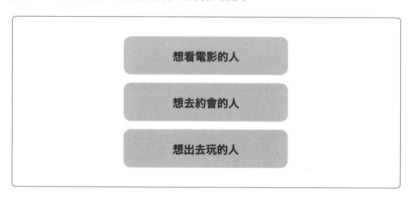

只要將電影觀眾的需求延展開來，就能以開闊的視野去思考，例如「競爭對手是什麼樣的娛樂呢？」「該怎麼做才能贏過娛樂設施呢？」

策略會視你從電影這個小範疇去思考，還是從娛樂這個大範疇去思考而有很大的差異。並不是只要讓玩具動起來就能受到歡迎。

接著我們以東京迪士尼度假區為例，想一想如何鎖定顧客需求吧！

要是擁有如迪士尼這般強大的品牌力，自然會有許多死忠的忠誠顧客（例如住在大阪，卻不去環球影城玩，而是想去迪士尼度假區的粉絲）。他們是需求最強烈的顧客。

需求次強的潛在顧客，則是想去主題樂園玩的人。他們會拿其他的主題樂園來比較，再決定要不要去迪士尼度假區吧。

至於需求最低的是「想出去玩」。這個類型的競爭對手就更多了。

上述概念就如圖2-2所示。

圖2-2　迪士尼度假區的顧客需求

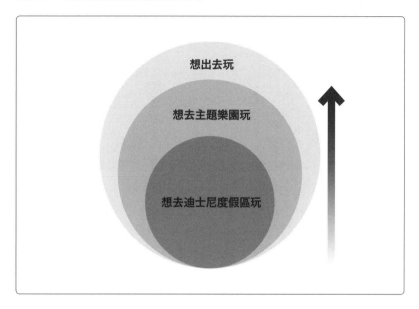

基本上，顧客的需求越強烈，目標對象的人數就越少。

例如「喜歡拉麵的人」，一定比「喜歡豚骨拉麵的人」還多吧？

假如**只向需求強烈的特定潛在顧客打廣告，成本效益會比較高；如果是向更多的潛在顧客打廣告，他們有可能需求不高，或者根本不感興趣。**

換句話說，若接觸更多的潛在顧客，成本效益極有可能變差。

圖2-3為概念圖。相信各位應該看得出來，觸及的顧客範圍越廣，成效就越低。

圖2-3　需求程度概念圖

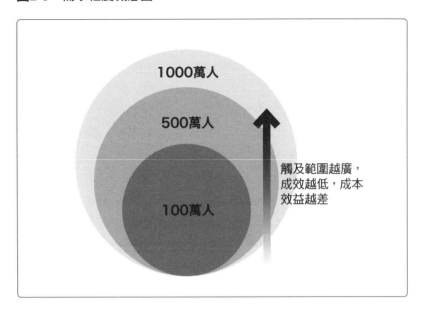

「向大眾打廣告，成效就會變差」，就某個意義來說這是正常的現象。指定目標之所以重要，是因為目的在於向範圍更小的對象實行措施，藉此提升成本效益。

配合需求的行銷　>

鎖匠服務便是其中一個顧客需求強烈的例子。鎖匠服務的顧客，通常是搞丟家裡鑰匙的人，或是門鎖打不開的人。

這跟顧客是男性還是女性、年齡是20幾歲還是30幾歲沒什麼關係。

在平常的生活當中，大部分的人鮮少有修理門鎖的需求吧。**不過，一旦你搞丟了鑰匙，就會立刻變成需求強烈的顧客。**

這類服務要實施數位行銷時，通常會使用關鍵字廣告（搜尋廣告）。也就是向搜尋「鑰匙 搞丟了」等關鍵字的消費者打廣告（圖2-4）。

圖2-4 關鍵字廣告

※搜尋「鑰匙 搞丟了」的結果

　　需求越強烈，越能更快促成銷售，因此這種關鍵字的單次點擊出價（單次連結點擊成本）一般都很高。

該如何調查需求？ >

如果你想調查需求，最簡單易懂的方法就是利用搜尋引擎。

目前市面上有幾種調查搜尋量的服務，首先為各位介紹「關鍵字規劃工具（Keyword Planner）」。這是Google的官方工具，優點是調查結果較正確，即便是搜尋量不大的關鍵字也會提供概算的數值。

關鍵字規劃工具
(https://ads.google.com/home/tools/keyword-planner/)

Google官方提供的工具，用來預測可用於廣告的關鍵字搜尋量，必須先登入Google Ads帳戶才能使用。Google Ads原稱為「Google AdWords」，自2018年7月起更名為「Google Ads」。

不過，這項工具也有缺點，畢竟提供的是概算值，調查結果只會顯示「1－10」、「10－100」、「1000－1萬」、「1萬－10萬」等粗略的數值，有點不方便。

這裡就舉個例子吧！假設我們要開設一個購物網站，消費者可在這裡找到適合送男性的禮物。我們用關鍵字規劃工具，調查一下「男性 禮物」的搜尋量。

結果如圖2-5所示，由此可知這組關鍵字的單月搜尋量大約為1萬～10萬次。

圖2-5 關鍵字規劃工具

　　由於關鍵字規劃工具只能查出粗略的搜尋量，接下來為大家介紹另一種非官方工具「Keyword Explorer」，透過這個工具可以調查更詳細一點的搜尋量。

Keyword Explorer (https://moz.com/explorer)

　　這是美國的SEO企業「Moz公司」提供的工具。具備各種功能，亦可設置工具列。

　　跟關鍵字規劃工具相比，Keyword Explorer能計算出更詳細的關鍵字搜尋量與點擊率等數值（圖2-6）。不過，畢竟不是Google的官方工具，調查結果有可能不正確。

　　另外，搜尋量小的關鍵字幾乎查不到資料，這點也要注意。

圖2-6 Keyword Explorer

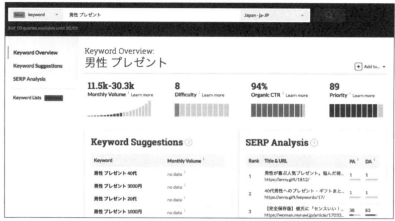

※在Keyword Explorer搜尋「男性 禮物」的結果

用Keyword Explorer調查「男性 禮物」的搜尋量後，結果如圖2-6所示，搜尋量有11萬5000次～30萬3000次，點擊率為94%。

由此可以推測，市場確實有「想知道什麼樣的禮物能令男性開心」、「想買能討男性歡心的禮物」這類需求，而且規模不算小。

在推動數位行銷的過程當中，「正式推出服務之前的事前調查」，以及「討論要滿足顧客的何種需求」都是非常重要的事項。

即使事業已開始運作，只要再次仔細研究這個部分，重新擬訂行銷策略時應該會更容易一點。

展開行銷之前❷
——設定明確的顧客形象

若想掌握顧客形象，不僅要確認需求，也必須考量人口統計變項（顧客屬性）。本節要探討的是，如何從性別、年齡釐清顧客屬性，以及在何種情況下針對顧客屬性執行措施才有效。

顧客的「需求」與「人口統計變項」 〉

「認識顧客」，是個看似簡單，實則非常困難的題目。

有關顧客需求的部分上一節已說明完畢。當我們要鎖定有需求的潛在顧客時，不可缺少顧客的人口統計變項（圖2-7）。

圖2-7　人口統計變項與需求

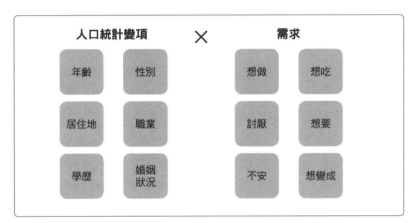

所謂的人口統計變項，主要是指居住地、學歷、年齡、性別等，一個人長期不變的屬性。需求則是指這個時候是否想要這個東西、處於什麼狀態等等，會在短期內變動的東西。

利用人口統計變項
推測潛在顧客的需求

如果輕易就能得知需求，我們就不必這麼辛苦了。要是知道路上哪個行人肚子餓，就可以很有效率地把餐廳的傳單發給他。但問題是，第三者很難分辨當事者有沒有需求。

舉婚活服務為例。只要找到有「想結婚」這個明確需求的人，並且配合這個需求實施行銷就沒有問題。然而，並不是每一個人都有著明確的需求，要判斷哪個人想結婚並不容易。

因此，我們需要如下圖這樣，**利用人口統計變項去推測顧客的需求**（圖2-8）。

圖2-8　婚活服務的人口統計變項

當然，並不是隸屬此人口統計變項的人都想結婚。

再拿其他的例子來說。經營網路襪店的人，該怎麼找到有需求的潛在顧客呢？網路襪店不像婚活服務那般容易推測，因為年齡與性別的範圍都必須放得更寬才行。

由此可知，某些服務若是只看人口統計變項，未必能夠準確鎖定有需求的潛在顧客。

配合人口統計變項選擇媒體 >

關於人口統計變項，廣告業常用圖2-9的用語區分顧客的年齡層與性別。這種市場區隔由來已久，打從電視廣告全盛時期就在使用，目前也很常用，建議各位先記下來，日後會有幫助。

圖2-9　FM層

	4〜12歲	13〜19歲	20〜34歲	35〜49歲	50歲〜
女性	C層	T層	F1	F2	F3
男性			M1	M2	M3

在以前，這些都是非常重要的指標。假使我們推測「F2層（35歲至49歲的女性）以家庭主婦為主」、「M2與M3層為已婚者，已有自己的房子」……等等，也不會有什麼問題。

但是，現代的男女無論職涯還是行為都變得多元多樣。女性工作賺錢，或男性抽空育兒都不再罕見。另外，選擇單身的男女也變多了。

因此，不要只靠人口統計變項鎖定潛在顧客，應尊重個人的本質與價值觀，並評估人口統計變項是否真能有效鎖定潛在顧客。

Google在2013年的發表中提到：「行為變得越來越多元多樣，這是因為每個人的價值觀及生活型態不盡相同，傳統的簡單區別也因此逐漸失去了意義。」[2-1]

雖然人口統計變項有助於建立假設，但實際推動數位行銷時，採取的措施不能太過拘泥於人口統計變項。

2-1：山崎春奈、ITmedia「男女・年代別マーケティングは『もうできない』 マルチデバイス時代の情報行動5つのタイプ、Googleが分類」ITmedia News、2013年。
http://www.itmedia.co.jp/news/articles/1312/16/news084.html

展開行銷之前❸
—— 掌握競爭對手與客戶開發管道

行銷上最重要的一點，就是掌握競爭對手。尤其在推動數位行銷時，更是得針對各個客戶開發管道研究、確定有哪些競爭對手。本節就為各位介紹瞭解競爭對手所需的工具。

競爭對手是影響生意的關鍵 >

摩根・費里曼（Morgan Freeman）與提姆・羅賓斯（Tim Robbins）主演的電影《刺激1995（The Shawshank Redemption）》於1994年上映，是一部至今仍好評不斷的名作。不過，儘管這部電影獲得第64屆奧斯卡金像獎7項提名，最後卻沒抱回任何一個獎項，鎩羽而歸。

當年的奧斯卡最佳影片獎，反而是由湯姆・漢克斯（Tom Hanks）主演的電影《阿甘正傳（Forrest Gump）》奪下，這部作品還獲得了另外5個獎項。

相信各位應該也聽過，在富士山的山頂上，1瓶寶特瓶飲料要價500日圓；如果是飯店的客房服務，1瓶可樂能賣到1000日圓。

上述的例子都是競爭對手大大影響了評價或價格。

進行數位行銷時，競爭對手的存在一樣很重要。**沒有競爭對手的市場自然也就沒有需求。**因此必須掌握競爭對手，並且向競爭對手學習。

瞭解競爭對手 >

那麼，我們就來查一查競爭對手在哪裡吧！

以下介紹2種可在這時運用的工具。

SimilarWeb
(https://www.similarweb.com)

這是由以色列新創企業研發的行銷工具，能夠分析大量資料，推測網站的流量等數值。不過要注意，分析結果並非實際的數值。

Alexa（https://www.alexa.com/）

這是從前就有的行銷工具。雖然可以推測流量，不過個人覺得誤差比SimilarWeb還大。

舉例來說，假設你經營花店，打算開創新的EC（網購）事業。於是，你先使用「SimilarWeb」，調查有可能成為競爭對手的大型網路花店（圖2-10）。

圖2-10　大型網路花店的流量比率

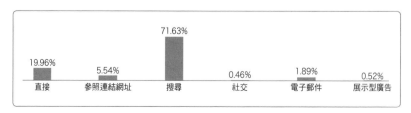

觀察大型網路花店的流量比率，可以發現來自搜尋引擎的流量最大。

另外，關於搜尋關鍵字的部分，自家公司的「指名關鍵字」能吸引到一定數量的顧客，而「花束」、「花藝」等關鍵字也能招攬到客源（圖2-11）。

指名關鍵字（品牌關鍵字）

指名關鍵字是指，用自家公司的名稱或商品名稱進行搜尋的關鍵字。對一般的關鍵字而言，「排名提升多少」是重要的指標，反觀指名關鍵字基本上都排在第一位，因此是以「搜尋量有多少」為指標。

圖2-11 搜尋關鍵字

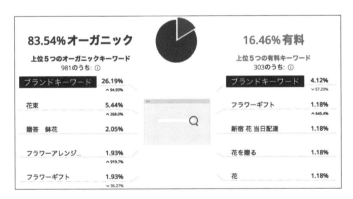

至於付費關鍵字，像「花」這類範圍較廣的關鍵字能夠吸引到顧客。

大型網路花店會針對「花束」之類的關鍵字，刊登展示各種花束的網頁，對於「花束價格」、「母親節 花束」之類的關鍵字，則是製作「用預算挑選，最低3000日圓起」、「母親節禮物特輯」等網頁，配合對應的搜尋關鍵字，加強對顧客的訴求以及搜尋的集客成效。

總的來說，可用SimilarWeb推測出來的大型網路花店策略如圖2-12所示。

圖2-12　客戶開發漏斗的優先順序

搜尋造訪	**最重要**	指名關鍵字可望吸引到一定數量的顧客，此外也為重要關鍵字製作獨立的到達網頁，加強搜尋的集客成效
搜尋廣告	**重要**	除了用指名關鍵字刊登廣告之外，也會用「花」、「送花」這類大關鍵字招攬顧客
參照連結網址	**略微重要**	利用聯盟網站開發客源
社交	**不重要**	對集客幾乎沒有貢獻

會上網買花的人，大多是基於禮貌想買花送人（例如探望熟人、慶祝開店等等），或是為了買紀念日的禮物（例如生日、成人節、母親節等等）吧。

不過一般而言，若要送花給熟人，大多會到實體店面買花才對。因此，如果把搜尋的重點，放在紀念日或商業用途這類關鍵字上，策略應該能夠奏效。

不過，上述的競爭對手調查還不夠充分。以花束為例，亞馬遜上也有許多這類商品（圖2-13）。因此，你也可以採取「在亞馬遜上架，獲得消費者評鑑」的策略吧？

圖2-13　在亞馬遜上搜尋「花束」所得的結果

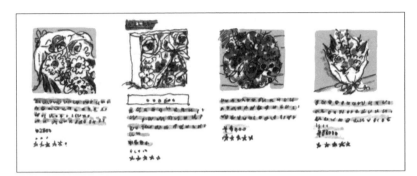

在亞馬遜上搜尋後，發現了幾家累積不少評論的小型花店。這時你就可以參考評論內容，找出這些花店獲得好評的因素。

搜尋引擎上又有什麼樣的競爭對手呢？用Google搜尋「花束」這個關鍵字後，結果如圖2-14所示。

圖2-14 在Google上搜尋「花束」所得的結果

　　搜尋結果頁面上，可以看到幾個大型網路花店。這些大型網站應該存在已久，顧客的回購率可能也不低。

　　此時的重點是，要研究「**當自己加入競爭後，哪個部分容易戰勝對手，哪個部分不易戰勝對手**」。

　　如果你有自信靠搜尋量多的搜尋關鍵字取勝，就可以採取以搜尋為主的策略。除此之外，你也可以用其他網站未指定的小關鍵字來開發客源。

　　另外，你或許也可以設法在亞馬遜之類的平臺提升排名，或是透過社群媒體宣傳擴散。假如這些方法都有困難，就需要編列預算打廣告了。

　　《孫子兵法》中有句名言：「知己知彼，百戰不殆。」數位行銷永遠都不可缺少競爭對手。充分調查過競爭對手後，接著要思考如何戰勝競爭對手、要在哪個市場上競爭，抑或如何跟競爭對手共存，這點很重要。

展開行銷之前❹
—— 建立整合型團隊

假如只會運用廣告，數位行銷依舊不會成功。企業還需要建立一支整合型團隊。要建立整合型團隊，重點就是必須瞭解範圍更廣的相關領域。

從廣告心態，轉為整合行銷心態　＞

　　拿起數位行銷書籍的讀者，大多期待能看到有關廣告或開發客源的內容吧。

　　要是可以學會靈活運用廣告的方法，就能像施了魔法一般獲得更多顧客……也許有些讀者就抱持著這樣的期待。

　　不過很遺憾，除非資金多到足以獨占黃金廣告時段（這樣的企業只占一小部分），否則的話以廣告為中心去思考必定會失敗。

　　這是為什麼呢？

　　管理學權威彼得・F・杜拉克（Peter F. Drucker），對於行銷抱持這樣的看法：

　　「行銷的目的在於讓推銷變得多餘。」

　　數位廣告隨著網際網路的發展而成長進化。

　　不過，**行銷並非是指「一次性」的廣告，而是指包括廣告在內的機制與環境本身**。

　　具體來說，行銷就是用來實現「把東西交到有需要的顧客手中，與顧客維持連繫」這個概念的方法。

　　若拿棒球隊或足球隊來比喻的話，廣告就是補強。補強固然要緊，**但**

是若要讓球隊永保強勁的實力，培育球員的策略與球隊的評鑑策略等管理部分就顯得很重要。

　　美國行銷協會對行銷所下的定義為：「行銷是創造、溝通、傳達、交換對消費者、客戶、合作夥伴、整體社會有價值之提供物的一種活動、制度以及過程。」

　　菲利浦‧科特勒的名著《行銷管理學第12版》（中文版由台灣培生教育出版，2006年）則定義為「創造、傳送與溝通更優越的顧客價值」，這與前者的定義很相似。

　　最重要的是，兩者都提到了「創造」一詞。

　　也就是說，行銷是指「改善產品本身，創造並傳遞價值」的這整段過程。

　　我之所以在前面提到，「行銷並非只關『行銷人』的事，從事業務、工程師、人事等各種職業的人也必須有所瞭解」，原因就出在這裡。

不可或缺的「整合型組織」　　>

　　在進入數位時代以前，絕大多數的產品都必須先在電視或報紙等媒體上打廣告，好讓消費者認知到產品，然後在實體店面之類的地方銷售。

　　也就是說，組織或團隊是分散開來的，各做各的事。

　　可是，數位行銷時代不一樣。以成立電商網站為例，**從讓消費者認知到產品、促使消費者行動，到提升業績、促進消費者再度光顧，這一連串的過程都要在網路上完成**（圖2-15）。

圖2-15 整合型組織

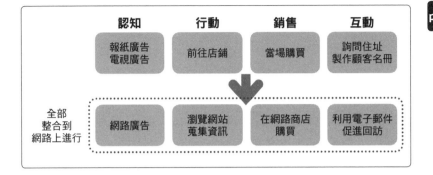

也就是說，企業需要整合型的數位行銷團隊。廣告只是用來獲得一部分的認知與造訪，之後的程序對實際的業績有更直接的貢獻。

諾亞·柯更（Noah Kagan）表示，他在Facebook上花了300萬美元的廣告費後明白一件事[2-2]，那就是「不該在做完其他的行銷活動之前，把錢花在廣告上」（他應該早點發現的……）。

2-2：Noah Kagan,"What I Learned Spending \$3 Million on Facebook Ads",okdork. com, 2017.https://okdork.com/how-to-start-advertising-on-facebook/

建立整合型的數位行銷團隊時，「搞清楚顧客是誰」同樣是件至關重要的事。

拿店鋪來比喻的話應該就不難理解了吧。在銀座的精華地段開店，與在澀谷的鬧區開店，兩者單看人潮是無法比較的。

畢竟這兩個地方的客層全然不同，店鋪的內部裝潢、商品定價也必須按照客層進行調整。除此之外，兩者需要的人才也截然不同。

在這個例子中，內部裝潢與商品定價就相當於網站（到達網頁），人才則相當於廣告操作者或網站設計師。

到達網頁（Landing Page／LP，或稱為登陸頁）

狹義是指一頁式網站。廣義的到達網頁，則包括經由廣告或宣傳活動的連結抵達的頁面。

改善到達網頁的技術稱為「到達網頁最佳化（LPO）」。

就算造訪人數增加，要是入口不符合訪客的需求，事業依舊沒有成功的希望。

評鑑到達網頁或網站時，一般都會使用圖2-16介紹的指標。

圖2-16　用來評鑑到達網頁的指標

跳出率	只造訪1個網頁就離開的訪客比率。網站的網頁數量越少，跳出率越低
轉換率	採取預期行動的訪客比率。有時是廣告的問題，有時則是網站的問題
瀏覽頁數	單次工作階段裡，訪客瀏覽過的網頁數量。通常瀏覽頁數越少，跳出率就越高
平均工作階段時間	單次工作階段訪客停留時間的平均值。如果時間很長，代表網站有吸引訪客的內容

　　如果只看造訪人數，就有可能忽略入口（網站）的重要性。上述這些指標也要定期使用分析工具查核，這點很重要。

展開行銷之前 ❺
—— 定義品牌

說到品牌,有些人或許會想到大企業。其實,品牌建構對中小企業更加重要。中小企業與新創企業,現在快來定義品牌吧!

媒體的差異 —— Tabelog與Hot Pepper >

什麼是品牌呢?並非只有路易威登(LV)與法拉利(Ferrari)這類奢侈品才算品牌,我們平常挑選的東西大多都有品牌。

以啤酒為例,雖然這只是價格在200日圓到300日圓左右的產品,但一樣有著各家公司推出的各種品牌,例如麒麟、朝日、三得利、惠比壽、札幌等等。

為什麼今天你會選擇這款啤酒呢?如果沒有明確的理由,那麼你可能就是受到品牌的影響。

如果是經營餐飲店,當你要決定「該在Tabelog上投注心力,還是該選擇Hot Pepper(或是Gurunavi)呢?」時,定義品牌就是一件很重要的事。

就拿價格.com經營的「Tabelog」與Recruit經營的「Hot Pepper」來說,雖然兩者是相似的服務,但服務的對象與提供給顧客的價值卻全然不同。

Tabelog是所謂的CGM型(Consumer Generated Media,消費者自行發布資訊)媒體。消費者可透過網站使用者的發文得知店家的口碑,而「口碑好評價高的店」能吸引到更多的顧客。

因此在Tabelog上,「餐點滋味」或「氣氛」評價好的店必然較容易

吸引到顧客。此外，餐飲店也可主動登錄Tabelog之類的平臺提供資訊，讓消費者找到符合自己喜好的店家。

這種時候，店家該提供哪些資訊才好呢？如果該平臺上多數消費者喜歡高級一點的店，很在乎餐點滋味與氣氛的話，就需要提供內部裝潢與餐點的相片，說明餐點有多美味吧。在Tabelog這個平臺上，崇尚高級的消費者應該也有一定的人數。

至於Tabelog的競爭對手Hot Pepper，刊登的內容則是以折扣券之類的優惠資訊為主。這是一項符合「想盡量以划算價格消費」這種顧客需求的服務。

刊登在這種媒體上的餐飲店，應該以連鎖居酒屋之類的店家居多吧。也就是說，該平臺上大部分的消費者應該比較重視優惠或方便性，餐點滋味或服務則是其次。如同這個例子，即便是類似的服務，適合運用的店家與服務的對象（消費者）也不會完全一樣。

失敗案例 —— 酷朋

從前在美國急速成長的酷朋（Groupon），可說是不挑顧客導致失敗的負面教材（圖2-17）。

酷朋是一項運用「限時搶購」手法的服務[2-3]，2009年服務上線後便迅速成長，短短一年左右就進軍超過8個國家。他們提供的價值為「提供比一般售價更低的優惠券」。酷朋抓住許多顧客的心，在短時間內大幅成長。乍看之下，這個服務很像Part 1介紹的群眾募資。

不過，酷朋對店家做的事卻近似銷售。他們以「我們有這麼多顧客，而且還在成長當中，所以請你提供優惠券」這個理由，向各式各樣的企業

2-3：Business Resource Center,"The History of Groupon",GROUPON Merchant.
https://www.groupon.com/merchant/article/the-history-of-groupon

圖2-17　酷朋的機制

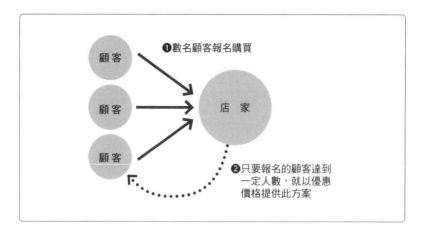

募集優惠券。然而，這裡卻有個陷阱。

　　當時店家以為，酷朋是有價值的。因為他們認為，使用過首購優惠的顧客之後也會常來光顧。然而，使用酷朋以首購優惠價消費的顧客當中，成為常客的人卻不多。

　　「顧客想用更低的價格消費，因此不會去沒有優惠券的店家。」

　　「店家希望顧客上門消費，成為常客。」

　　這可說是一個選錯顧客的好例子（？）吧。**雖然對終端使用者（消費者）來說酷朋是好服務，但店家卻不知道上門的消費者是不是好顧客。**

建構品牌❶ —— Facebook >

關於品牌建構，這裡就舉幾個簡單易懂的實例來說明。首先來看Facebook的案例。這是一個規模龐大的社群網站，如今光是日本就有高達2800萬名活躍使用者[2-4]。

起初，Facebook只限與創辦人馬克·祖克柏（Mark Zuckerberg）一樣，在哈佛大學就讀的學生註冊使用。

一般而言，成立社群媒體之後，通常都會希望有更多的人註冊使用。

可是，祖克柏卻不一樣。他認為「想連繫的人是否註冊及使用這項服務」，對社群媒體而言才是最重要的。

因此，祖克柏才會推出只有哈佛人可以註冊及使用的服務，把品牌定義為「只有哈佛人才能使用的社群網站」，成功吸引到正確的顧客。

從這個例子可知，選擇顧客是足以決定一項服務成敗的重要因素。

建構品牌❷ —— Google >

接著來看另一個更淺顯易懂的實例吧！這裡就以徵才與行銷的關係，說明品牌建構的重要性。

企業在招募人才時，應該重視「質」而不是「量」。假使來了一萬名應徵者，如果當中沒有企業想錄用的人才也是枉然。

Google為了找到自家公司需要的人才，於是運用奇特的方法徵才。以下是Google實際使用過的徵才廣告文案。

2-4：總務省「平成29年度情報通信白書」2017年。
　　http://www.soumu.go.jp/johotsusintokei/whitepaper/ja/h29/html/nc111130.html

Google在高速公路的廣告看板上刊登的徵才文案

{ first 10-digit prime found in consecutive digits of e } .com
{ 在常數e的連續數字中最先出現的十位質數 } .com

其實，這個答案是一條網址。唯有解開這個徵才廣告題目的人，才能報名參加Google的徵才測驗。

這則廣告強烈表達出，「我們只需要數學能力足以解開這個問題的人」這項訊息（順帶一提，我不會解這個題目）。

品牌建構是一種用來鎖定與觸及自家事業需要的顧客之方法，相信各位都明白這點了吧？

建構品牌❸ —— 蘋果

若想研究如何才能被顧客「選上」，蘋果公司（Apple）可說是最好的例子吧？

最早開拓個人電腦市場的企業就是蘋果。然而，之後卻是競爭對手Windows持續獨占鰲頭。

蘋果一直在對抗Windows這個「帝國」。

由於Windows始終穩坐第一名的寶座，蘋果便改走不同的路線，採取讓自己「被選上」的「Only One策略」。

從蘋果的電視廣告就能看出這一點。

1983年，蘋果電腦公司的董事會，因廣告代理商提出的廣告案過於激進奇特而爭論不休。

廣告的內容為：一群穿著灰色衣服的人魚貫走向電幕，這時來了一位

拿著榔頭的田徑選手，她奮力將榔頭拋出去，打壞了電幕。順帶一提，這支廣告的導演，是拍出《銀翼殺手（Blade Runner）》等多部電影傑作的雷利·史考特（Ridley Scott）。

最後，在兩名創辦人的支持下，廣告終於得以在超級盃當天播出。

這支日後被稱為「1984」的廣告，當時在社會上引起廣大的回響，還被《Advertising Age》雜誌選為「10年來最棒的電視廣告」。

另一支曾在日本播出過的廣告，則是請來打扮休閒的帥氣男子扮演「Mac」，請打扮有點俗氣的西裝男子扮演「PC」，然後讓雙方進行以下的對話。

part2

這個東西真的有需求嗎？──訂立行銷策略的方法

Get a Mac宣傳廣告

「你好，我是PC。」

「你好，我是Mac。」

「不過，你也是PC吧？」

「大家都叫我Mac呢。」

「為什麼只有你比較特別？感覺就好像朋友一樣。」

「大概是因為，大家都在家裡拿我來處理私事，才會覺得我比較親近吧。」

這支廣告以「Mac跟PC不一樣」這個訊息為主軸，主張「使用蘋果

公司的電腦，是很高雅、休閒的行為，是嶄新的生活型態」。

話說回來，為什麼這種「Only One策略」很重要呢？

認為「PC這種東西，選哪個都可以」的消費者，大部分會選擇最暢銷、評價最好的PC。

而且現在，消費者還能上網參考其他消費者對於產品的評論。

假如消費者是以「口碑評價高」、「價格便宜」為標準來選擇產品，那麼必然只有特定商品「一枝獨秀」。不過，若採取「Only One策略」，或許就能讓消費者在決定「要從PC當中挑選哪一個？」之前，先選擇「要買PC還是Mac？」也就是讓消費者在比較其他產品之前先選擇Mac。

無法成為「第一」的產品或企業，應以「唯一」為目標，而且必須設定關鍵訊息，強調「這項產品在哪一點上比其他產品還要出色」。

展開行銷之前❻
—— 建立下意上達型團隊

最後要談的是團隊的決策程序。成功的行銷團隊,與失敗的行銷團隊,究竟是哪一點不同呢?

從上意下達轉為下意上達 >

　　Google創辦人賴利・佩吉(Larry Page)、Facebook創辦人馬克・祖克柏,以及微軟(Microsoft)創辦人比爾・蓋茲(Bill Gates),這三個人的共同點是什麼呢?

　　三者的共同點就是:他們都是研發、製造自家產品的工程師。換句話說,他們比任何人都熟悉自家的產品。

　　「現場感」對數位行銷而言同樣非常重要。日本企業的管理層,未必都是重度網路使用者,而且大多並未完全瞭解欲接觸之顧客的行為,這樣一來很難做出數位策略的判斷吧。

　　據說當星巴克(Starbucks)開始賣起加了起司的三明治,店內的咖啡香味也消失不見時,創始人霍華・舒茲(Howard Schultz)注意到星巴克有些走樣了。

　　當時星巴克為追求效率化與利潤,不光是三明治,還賣起了玩偶與CD,店裡也不再磨咖啡豆了。因此,儘管表面上的數字很亮眼,實際上顧客的心卻離星巴克而去。

　　就像這個例子一樣,如果要發現問題,重點就是要知道「現場」發生了什麼事。

　　就拿社群媒體來說吧!我經常接到顧客提出「請幫忙改善我們公司的Instagram帳號」這類委託。

這種時候，我會請操作Instagram的員工說一說，公司的帳號有哪些地方需要改進。令人驚訝的是，對方總是能夠準確指出需要改進的地方。

重點就是，要授權給最為瞭解的人，營造出「最為瞭解的人」能做決策的環境。

如果採取的是上司要求下屬「發表這個」、「去做那個」這種上意下達的體制，數位行銷絕對會進展不順利。

話雖如此，授權給現場並不是件簡單的事。其實，這麼做也有可能面臨官網或社群網站遭網友「炮轟撻伐」的風險。但在數位行銷領域，第一線的人最瞭解顧客也是不爭的事實。

授權給接近顧客或使用者的人，是現代的企業管理層必須做的事。

因為獲得現場的回饋，「邊跑邊學習」是很重要的。

別再完全依賴廣告代理商 >

在日本，數位行銷（或行銷）往往跟廣告劃上等號，或被視為廣告代理商負責做的事。

但是，廣告不過是其中一種行銷手法罷了。

這種以廣告為中心看待行銷的思維，與日本的廣告代理商立場有著密切關係。

早在電視節目與電視廣告擁有龐大影響力的時代，綜合廣告代理商就會在販售電視廣告時段的同時，幫企業代為規劃與實施行銷。因此，日本的企業內部大多沒有完善的行銷團隊。

可是，就如圖2-18所示，網路廣告成長速度飛快，甚至在2010年超越了報紙廣告。

數位廣告跟電視廣告不同，企業必須自行擬訂策略，否則無法充分發揮作用。

圖2-18　各種媒體的廣告費

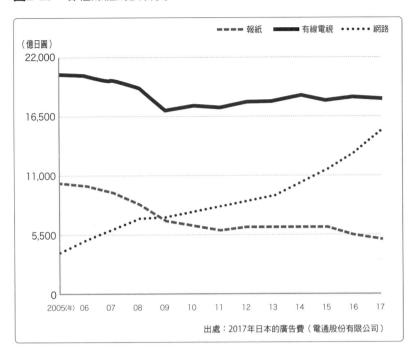

- - - - 報紙　━━━ 有線電視　‧‧‧‧‧ 網路

（億日圓）

出處：2017年日本的廣告費（電通股份有限公司）

　　在這個網路已成為其中一種行銷手法的時代，丟給別人去做或委託其他公司是很難成功的吧。

　　整個組織必須要有「數位行銷是自家公司能夠控制的行銷手法」這項共識，否則無法建立強而有力的團隊。

　　在自家公司裡建立能掌握典範（paradigm）的變化、迅速做出反應的行銷組織是很重要的。

必須以行動為優先的時代

　　美國社會學家卡爾・E・維克（Karl E. Weick），在著作《組織內的意義建構（暫譯，Sensemaking in Organizations）》中提到「21世紀是『意義建構』的時代」[2-5]。

　　20世紀初，曾有一支匈牙利軍隊，在阿爾卑斯山中行軍時發生這樣的意外：當時，偵察隊離開本隊沒多久就下起雪來，他們因而迷路了兩天。就在眾人做好迎接死亡的心理準備時，其中一名隊員偶然間發現了一張地圖。

　　多虧這張地圖，偵察隊終於在第三天歷劫歸來。不過，事後他們細看那張地圖卻發現，地圖畫的不是阿爾卑斯山，而是庇里牛斯山，令眾人驚愕不已。

　　儘管他們找到的是錯誤的地圖，但因為有了這張地圖，隊員才會展開行動，沒停留在原地，最後得以生還。

　　維克將這種現象命名為「意義建構（Sensemaking）」，並表示「優秀的經營者，不需要完全正確的認知」。

　　在如數位行銷這類變化速度快的領域，「等到完全掌握一切才行動」的做法，有可能成了致命的失敗因素。

2-5：カール・E.ワイク（著）、遠田雄志、西本直人（翻訳）『センスメーキング イン オーガニゼーションズ』文眞堂、2001年。

厚重的企劃書是失敗的根源

委託廣告代理商或顧問公司，製作看似完美、厚厚一疊的企劃書，或許能夠讓人安心，可是這麼做其實沒什麼意義。

企劃書越厚，公司內部的學習意願越低，最後就會演變成「交給別人去做」。這樣不僅沒有意義，更對公司有害。

此外，這種「說明成本」累積下來，也會導致能夠實際運用的資源越來越少。

如同前述，數位行銷充滿了不確定性。即便是再優秀、再有經驗的行銷人，要訂出明確且具體的策略也不是件易事。

倒不如把這個時間拿來進行測試，掌握實際的數字，這麼做應該能得出更正確的數值。

在數位行銷上，**企劃書的厚度與團隊的強度成反比，這麼說一點也不為過**。如果客戶缺乏知識、客戶未與廣告代理商建立信賴關係，這個行銷活動就會失敗吧。

重要的是，如果具備相關知識，即便委託了廣告代理商，雙方也能用共同語言討論。

不過，假如只是「全盤丟給」第三者，就無法實現最適合自家公司的宣傳。

有些時候，僱用專家固然重要，但更重要的是僱用者的理解能力。

授權給現場

>

對數位行銷（尤其是社群媒體行銷）而言，賦權（授予現場權力）的觀念是很重要的。

就拿2011年3月發生的東日本大地震來說，在這場前所未有的災害中，許多事都是憑著「現場判斷」運用數位的力量去執行。

例如，NHK的Twitter小編（@NHK_PR）曾在震災當時做了這樣的決定：轉推（引用）未經許可，擅自使用Ustream（影音播送服務）轉播NHK節目的中學生所發的推文。當時有其他網友留言關心此事，NHK的小編在Twitter上這樣解釋[2-6]：

> 有些地區因為停電的關係，沒辦法收看電視。畢竟人命關天，只要有辦法將資訊傳遞出去，就請儘管使用吧（不過，這是我個人所做的決定，事後我會負起責任）。

震災當時，許多從事社群媒體工作的人都做了同樣的決定。Google Crisis Response團隊在2012年刊登的報導中，這般描述當時的情形[2-7]。

2-6：https://twitter.com/NHK_PR/status/46128437441736704
2-7：林信行、山路達也「東日本大震災と情報、インターネット、Google 数多くの英断が生み出した、テレビ番組のネット配信」Google Crisis Response、2012年。
http://www.google.org/crisisresponse/kiroku311/chapter_10.html

長谷川在混亂當中回到了辦公室。這時，Crisis Response 團隊已展開行動，成員激動地討論著，長谷川也參與其中掌握情況。（中略）

有沒有更為重要、馬上就能執行的事呢？此時長谷川想到的是：使用YouTube直播電視節目。

長谷川在家中待命時，曾看到NHK的節目在Ustream上播出。畢竟已有許多電視臺跟YouTube簽約成為合作夥伴，只要與他們交涉，應該就能合法提供線上收看服務吧？

當時的YouTube產品經理長谷川泰想到這個點子後，隨即找TBS等電視臺協調，並跟美國總公司聯絡溝通。

法務部的山田寬如此表示：

我不知道公司的內部程序原本有多冗長繁瑣，但我覺得不管怎樣只能先做再說了。要是第二天早上，總公司不准我們這麼做，到時候再停播就好。總之現在就著手進行吧。

之後，這個決定也得到美國總公司的認可，只不過在做此決定的當下，當事者完全不曉得未來會如何發展。

廣告這玩意
根本沒人在看？

—— 數位時代的「RAM-CE」架構

為什麼需要架構？

接下來要談的是展開數位行銷的具體方法，以及選擇工具的方法。首先為各位說明架構的必要性，並介紹本書推薦的「RAM-CE」架構。

各式各樣的行銷架構 >

　　有史以來（雖然歷史沒那麼長），行銷領域誕生了各式各樣的策略與架構。

　　其中最有名的架構就是「AIDMA」。這是將顧客實際購買之前的過程，按照下圖的順序架構化。

　　除此之外，還有電通股份有限公司提出的「AISAS」，這是更為適合搜尋時代的架構。

　　圖3-1為AIDMA與AISAS各個程序的概念圖。

圖3-1 AIDMA與AISAS

「RAM-CE」—— 行銷架構

撰寫本書時，我設計了一個適合數位時代的架構，並且將之命名為「RAM-CE」。

之所以設計RAM-CE這個架構，是為了幫助人們更加適切地構思各種數位行銷策略（圖3-2）。

RAM-CE架構的特徵就是：每個程序都有檢查點。

舉例來說，若想知道消費者是否清楚記得產品或服務，只要查看指名關鍵字的搜尋量即可。

圖3-2　RAM-CE架構

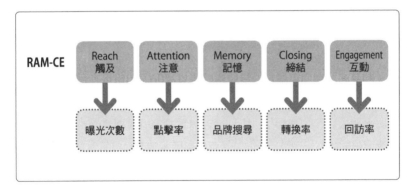

程序❶
—— Reach（告知消費者）

有史以來，廣告業就是為了「告知消費者」而存在的。畢竟無人知曉的商品是賣不出去的。如今這個時代，到底該怎麼做，才能讓消費者得知商品的存在呢？

資訊過多的時代 ❯

1938年，美國發生了一起令民眾膽顫心驚的事件：收音機竟傳出「火星人入侵地球」的消息。據說這個消息引起民眾恐慌，甚至還發生暴動（……有此一說，不過也有人說情況沒這麼誇張）。

當然，這並非真正的新聞，而是改編自H・G・威爾斯（H. G. Wells）的小說——《地球爭霸戰（The War of the Worlds）》的廣播劇。

同樣的事要是發生在現代，結果會怎麼樣呢？1930年代，廣播是最先進的媒體，但現在民眾可以從電視、Twitter、YouTube等媒體當中，自由選擇適合自己的媒體。因此，現代的民眾不太可能會受到單一節目的影響吧。

並不是因為人類有所進步，而是因為資訊量急劇增加。

日本總務省在平成21年（2009年）提出「資訊流通指標」[3-1]，證明流通的資訊量暴增，超出人能夠消費的資訊量（圖3-3）。

不消說，增加最多的當然就是網路上的資訊了。要在這股資訊洪流中將資訊傳遞給消費者，並不是那麼容易的事。

圖3-3　資訊流通指標

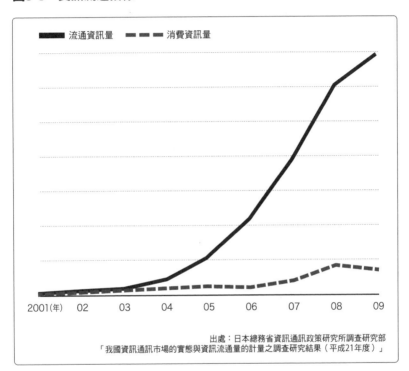

出處：日本總務省資訊通訊政策研究所調查研究部
「我國資訊通訊市場的實態與資訊流通量的計量之調查研究結果（平成21年度）」

3-1：總務省情報通信政策研究所調査研究部「我が国の情報通信市場の実態と情報流通量の計量に関する調査研究結果（平成21年度）─情報流通インデックスの計量─」平成23年。
http://www.soumu.go.jp/main_content/000124276.pdf

三重媒體策略

在數位行銷之中觸及顧客的手段，一般是根據「三重媒體（Triple Media）」這個概念來分類。所謂三重媒體策略是指組合以下3類媒體的策略。

自有媒體（Owned Media）

指部落格或自家媒體等，自家公司「擁有（Owned）」的媒體。有人引用、在社群網站上擴散或是有人搜尋，都能增加自家公司的流量。

付費媒體（Paid Media）

付費媒體是指廣告或業配文等，花錢運用的媒體。

免費媒體（Earned Media）

免費媒體是指自家公司無法操控的媒體，例如個人部落格或其他公司媒體的文章，能夠為自家公司帶來信用或評價。

除了這三者外，通常還會再搭配「分享媒體（Shared Media）」一起運用，合稱為「三重媒體＋1」。

圖3-4　三重媒體（＋分享媒體）的概念圖

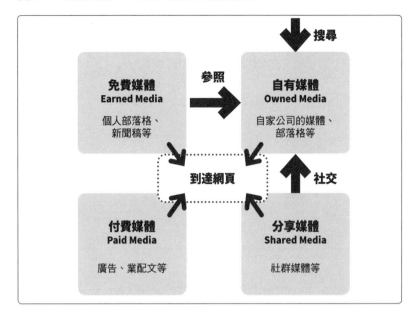

　　圖3-4為三重媒體＋1的概念圖。自有媒體有機會獲得來自搜尋的流量，此外也有機會獲得來自免費媒體的流量。

　　重要的是，必須掌握自家公司是經由什麼樣的過程觸及顧客，並且時時思考自家公司可操控的資產在哪裡。

　　若想運用數位行銷獲得顧客，一般可用「製作內容以獲得來自搜尋的流量」、「在社群網站上引起擴散或口耳相傳」、「透過廣告觸及顧客」等手法。

將流量分門別類　　　>

　　假如你已在使用「Google Analytics」的話，請查看一下「客戶開發」項目。如果你還沒使用過，請務必趁這個機會註冊與運用。

Google Analytics (https://analytics.google.com/)

　　全球最多人使用的網站分析工具。可免費使用，另有付費的進階版 Google Analytics 360（原名：Google Analytics Premium）。

　　具備即時分析等各種功能，只要學會這些基本功能就足夠了，不需要特別使用付費工具。

　　估計全球有3000萬～5000萬個網站[3-2]使用這項服務。

　　圖3-5為Google Analytics定義的幾種客戶開發管道。

圖3-5　Google Analytics定義的客戶開發管道

直接	此為不清楚正確的參照來源之流量，例如經由書籤或我的最愛造訪、直接輸入網址、經由應用程式造訪等等
隨機搜尋	流量來自非付費的搜尋結果（Google、Yahoo!、Bing等等）
付費搜尋	流量來自付費的搜尋結果（關鍵字廣告）
多媒體廣告	流量來自搜尋以外的廣告
參照連結網址	點擊其他網站所張貼的連結網址前往網站
社交	流量來自Twitter、Facebook等社交網路服務
電子郵件	點擊電子郵件裡的連結網址前往網站

3-2：Matt McGee,"As Google Analytics Turns 10, We Ask: How Many Websites Use It?",Marketing Land,2015.
https://marketingland.com/as-google-analytics-turns-10-we-ask-how-many-websites-use-it-151892

規劃流量投資組合 　　　　　　　　　　　　　　 >

　　流量有各式各樣的種類，每個種類也都有不同的性質。

　　建議各位不妨用可長期獲得的流量，搭配能在短期內提升的流量，規劃流量投資組合（圖3-6）。

圖3-6　流量投資組合

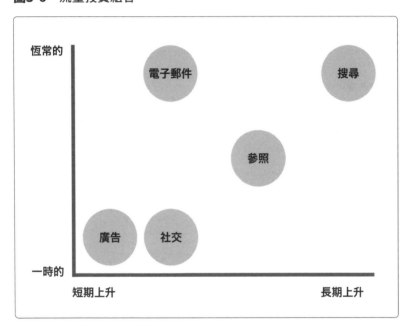

　　接著為大家解說流量的種類。

搜尋流量

　　這是可穩定獲得流量的來源。

　　若運用搜尋量大的關鍵字（Big Keyword）取得較高的排名，就能更穩定地獲得客源。

參照連結網址流量

　　這是透過其他網站的連結獲得的流量。雖是較為穩定的流量來源，不過缺點是若為新聞網站的連結，一旦該則新聞失去新鮮感，流量也會跟著消失。

社交流量與電子郵件流量

　　來自社群媒體的流量可分為兩種。

　　如果能在Twitter、Facebook或Hatena書籤上引起大規模擴散，即便是平常無人造訪的網站也有可能瞬間獲得許多流量。

　　除此之外，若能增加社群媒體的跟隨者或訂閱者，抑或電子報的訂閱者，便能定期獲得穩定的流量。

廣告流量

廣告流量為付費獲得的流量。一旦廣告預算用完，基本上這類流量就會戛然而止。

不過，若設有「註冊為會員」、「成為社群媒體的跟隨者」、「安裝應用程式」等機制，就能促進一部分的訪客回訪。

另外，只要有預算，便能讓廣告流量增加到一定程度。

檢查流量的種類 >

請問貴公司的網站，目前處於什麼樣的狀態呢？

①以直接流量居多

這有很多種情況。假如是在網站剛成立的階段，大部分的流量有可能來自於內部，或者也可能有什麼異常，例如因為伺服器進行重新導向等緣故，導致造訪不被歸類在參照連結網址流量。

另外，經由應用程式造訪的話通常無法正確獲取到數據，因此也有可能是這個緣故導致直接流量偏高。

②以搜尋流量居多（指名關鍵字）

　　流量幾乎都來自指名關鍵字。這有可能是因為，雖然商品或公司具有一定的知名度，但網站裡的內容並不多。

③以搜尋流量居多（指名關鍵字以外）

　　這種情況是商品或服務的認知度不高，但透過其他文章等內容獲得一定的流量。如果認知度低，就要設法加深消費者的記憶，這點很重要。

④以廣告流量居多

　　如果大部分的流量是靠廣告獲得，流量的健全性視回訪率高低而定。如果靠廣告獲得的訪客當中，有一部分的人會回訪，或是能賺到業績的話就沒問題；假如回訪率微乎其微，就可認定無助於獲得顧客的認知。

⑤以參照連結網址流量（來自外部連結的造訪）
或社交流量居多

　　如果是參照連結網址流量偏多，由於已獲得來自外部連結的
造訪，搜尋流量也極有機會提升。

　　至於社交流量偏多的情況，有時可能是文章之類的內容暫時
擴散出去使然，這樣一來就無助於獲得長期流量，因此需要多加
注意。

　　最後來觀察各個知名網站的推估流量比率吧！這裡就用SimilarWeb
調查看看[3-3]（圖3-7～圖3-10）。

圖3-7　Yahoo! Japan（yahoo.co.jp）的推估流量比率

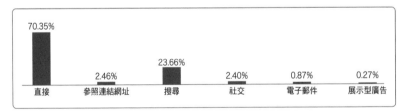

```
70.35%

                    23.66%
        2.46%                  2.40%      0.87%      0.27%
直接    參照連結網址   搜尋      社交      電子郵件    展示型廣告
```

　　Yahoo! Japan的直接流量非常多，另一個特徵是搜尋流量很少。可見
不少人把Yahoo! Japan設為瀏覽器首頁，或是加入書籤吧。

3-3：四者都是2018年3月當時的數值。另外，畢竟這些都是外部網站，分析出來的數值有可能
　　不正確。

圖3-8 Cookpad（cookpad.com）的推估流量比率

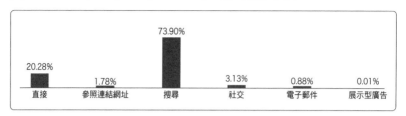

看得出來Cookpad是搜尋流量非常多的網站。

競爭對手樂天食譜（recipe.rakuten.co.jp）的搜尋流量占了67%。由此來看，73.9%可以算是相當多了。

圖3-9 樂天（rakuten.co.jp）的推估流量比率

樂天的搜尋流量、參照連結網址流量、直接流量的占比非常均勻。

競爭對手亞馬遜（amazon.co.jp）的流量結構也差不多，不過樂天的電子郵件流量占了7%（亞馬遜只有1%左右），這也算是特徵之一吧。

圖3-10　朝日新聞（asahi.com）的推估流量比率

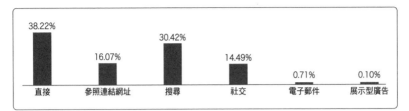

| 38.22% | | 30.42% | | | |
| 直接 | 參照連結網址 | 搜尋 | 社交 | 電子郵件 | 展示型廣告 |

38.22%　16.07%　30.42%　14.49%　0.71%　0.10%

　　朝日新聞的直接流量比搜尋流量還多，這在新聞網站當中是很罕見的情況（競爭對手產經新聞的搜尋流量占40％左右）。可能是因為一部分的付費會員都會定期造訪吧。

　　還有一個不能忽略的特徵就是，社交流量也占了一定的比例。

　　假如競爭對手有架設網站，建議你一定要調查及觀察對方的流量。此外，事前也應該要研究「如何確保流量」。

程序❷
—— Attention（引起消費者的注意）

有句話說「喜歡的相反就是漠不關心」，你必須先讓消費者產生興趣才行。既然如此，該怎麼讓消費者看到你的商品呢？

即使推出廣告也沒人會看？ >

心理學家提摩西・威爾森（Timothy Wilson）提倡「適應性潛意識（Adaptive Unconscious）」這個概念（提摩西・威爾森著，中文版由傅振焜翻譯《佛洛伊德的近視眼——適應性潛意識如何影響我們的生活？》張老師文化，2006年）。威爾森表示，**人類每秒鐘接收到1100萬個訊息，但意識卻只能處理其中40個訊息**。

根據日本Oricon的調查，20～50幾歲的社會人士，一天盯著智慧型手機、電腦、電視等裝置螢幕的時間，平均高達11個小時[3-4]。**換言之，大部分的社會人士清醒期間幾乎都面對著螢幕，這麼說一點也不誇張。**

我們每天都會面臨到大量的資訊。因此，跟類比時代相比，「如何吸引消費者的關注、如何讓他們感興趣」這個課題顯得更加重要。

根據美國Harris Interactive市調公司的調查[3-5]，63%的人會忽略網路廣告，43%的人會忽略橫幅廣告，20%的人會忽略搜尋引擎廣告。

這些數字遠大於電視廣告（14%）、廣播廣告（7%）、報紙廣告

3-4：東京ウォーカー（全国版）「PCやケータイを見る時間は1日11時間！"目の疲れ"を未然に防ぐ新アイテムも登場」KADOKAWA、2011年。
https://news.walkerplus.com/article/25064/

3-5：Harris Interactive, "Are Advertisers Wasting Their Money?",CICION PR Newswire,2010.
https://www.prnewswire.com/news-releases/are-advertisers-wasting-their-money-111254549.html

（6%）遭忽略的比率。這是因為數位領域的資訊實在太多了。

20世紀的行銷手段要比現在簡單一點。大多數的中小企業不太會實施行銷。另外，當時的廣告媒體，頂多只有報紙、雜誌、廣播、電視這幾種而已。

反過來說，只要能在電視上打廣告，便會產生巨大的影響力。那個時代的方程式如下：

知名度（廣告投放量）×好感度

換句話說，就是採取「盡量多投放一點廣告，然後製作大眾都能接受的商品」，這種大量生產（Mass Production）的手法。不過，現代的資訊量比以前多出許多，這個方程式早已不管用了。

就算製作出能廣受歡迎的東西，假如消費者對這個商品不感興趣，自然也無法提高知名度。像「負面行銷」這種藉由爭議提升知名度的手法之所以崛起，原因就出在這裡。

創造性與消費者的關注

我們稍微回顧一下歷史吧！

日本最古老的廣告，據說是名為「引札」的傳單廣告。浮世繪衰退以後，江戶時代至大正時代出現了各種美麗的引札。

圖3-11的引札設計成傳統桌上遊戲「雙陸」的樣式，讓人可以實際遊玩。這個創意巧思很有意思對吧？

畢竟在報紙廣告誕生之前，對商人來說傳單廣告是唯一的宣傳手段，亦是能發揮創造性的唯一機會。

圖3-11 引札（滑川市立博物館收藏　蔬果漁獲仲介商　濱西米次）

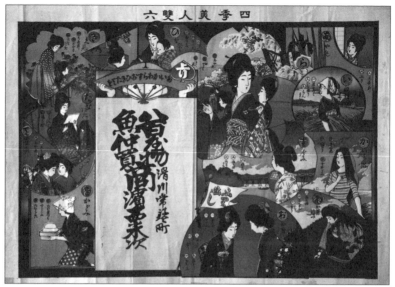

現代跟這種「電視誕生以前」的時代有點相似。

廣告製作物是吸引消費者目光極為重要的東西。因此從歷史角度來看，不難發現這些廣告製作物都花了各式各樣的巧思。

數位行銷的廣告素材，則隨著技術的進步不斷進化。

以前因為通訊不穩定的緣故，廣告內容以文字為主。之後圖像廣告成為主流，影片廣告也逐漸崛起。

此外，廣告的主戰場也轉移到智慧型手機上，不再局限於個人電腦平臺，再加上4G的普及，民眾能輕鬆使用手機或平板電腦觀賞影片。

映入我們眼中的東西變得更加豐富、更多采多姿。若想從中脫穎而出，讓人多看一眼，廣告素材也必須變得更為複雜才行。

「眼睛」的相片能改變人的行為？ >

　　有些廣告素材甚至能改變人的行為，這裡就為各位介紹一個例子吧！

　　紐卡索大學（Newcastle University）的研究團隊，曾使用印有人眼的海報與沒有人眼的海報進行實驗，結果發現看了前者的人捐款機率高於看了後者的人[3-6]（圖3-12）。

圖3-12　印有「眼睛」的海報，與沒有「眼睛」的海報

　　除此之外，「眼睛」的相片還有其他效果，例如讓人在遊戲中表現得更為寬容[3-7]、減少大學校園內亂丟垃圾的情況等等[3-8]。

3-6：Kate L. Powell, Gilbert Roberts & Daniel Nettle,"Eye Images Increase Charitable Donations: Evidence From an Opportunistic Field Experiment in a Supermarket", Wiley Online Library,2012.
　　https://onlinelibrary.wiley.com/doi/abs/10.1111/eth.12011
3-7：Daniel Nettle, Zoe Harper, Adam Kidson, Rosie Stone, Ian S. Penton-Voak and Melissa Bateson, "The watching eyes effect in the Dictator Game: it's not how much you give, it's being seen to give something",Evolution&Human Behavior,2012.
　　https://www.ehbonline.org/article/S1090-5138(12)00089-X/abstract
3-8：Melissa Bateson, Luke Callow, Jessica R. Holmes, Maximilian L. Redmond Roche and Daniel Nettle,"Do Images of 'Watching Eyes' Induce Behaviour That Is More Pro-Social or More Normative? A Field Experiment on Littering",PLOS,2013.
　　http://journals.plos.org/plosone/article?id=10.1371/journal.pone.0082055

當你要製作網頁的內容時，或是規劃廣告的配置時，不能不知道人的視線是如何移動的。瞭解這點也能幫助你製作出易用性高的網站。

一般人是如何閱覽內容的呢？以下就為大家介紹幾種法則吧！

「Z法則」是印刷業與網路業界從以前就經常使用的名詞。這個法則是指，人的視線就如下圖那般，是按照Z這個字母的筆順移動的。

當人在捲動網頁時，視線會按照字母Z的筆順，從左上移到右上，再從右上移到左下，接著又從左下移到右下（圖3-13）。這個法則應該很有名吧？

雖然這個法則並未經過論文之類的研究佐證，但在日本及海外都廣為運用。

圖3-13　Z法則

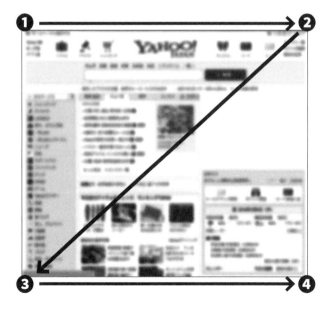

瞭解視線的移動方式❷ —— 古騰堡法則

「古騰堡法則（Gutenberg Diagram）」是閱讀歐洲文字時視線的移動方式，自古以來就廣為運用。

人在閱讀時視線會從左邊移到右邊，不過眼睛捕捉到的資訊，卻是從左上角慢慢移到右下角。也就是說，❸與❹這兩個範圍的資訊有一部分會被略過，這就是古騰堡法則的基本概念（圖3-14）。

這同樣是未經學術驗證的法則，跟Z法則及後述的F法則也有部分重疊。相信大家應該已經明白，「人在閱讀大量的資訊時，並不會一字不漏地全看進去」吧？

圖3-14　古騰堡法則

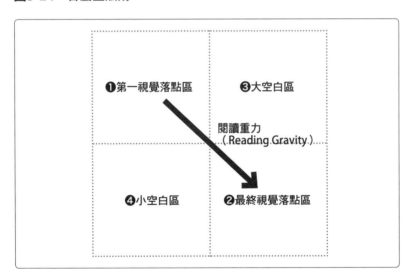

　　尼爾森·諾曼集團（Nielsen Norman Group）的雅各·尼爾森（Jakob Nielsen）教授，在2006年針對232名網站的訪客進行調查[3-9]，結果發現訪客在瀏覽網頁時，視線是按照F這個字母的筆順移動的（圖3-15）。

圖3-15　F法則

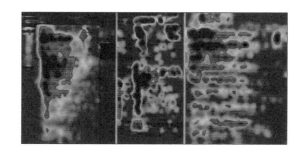

①訪客的視線會先橫掃過最上方的內容範圍。

②接著把頁面往下移一點，視線稍微往水平方向移動。

③最後，訪客迅速地垂直瀏覽左邊的內容。訪客只是很快掃過，並沒有看完全部的內容。

　　尼爾森教授指出，訪客並不會逐字看完整篇文章，因此最重要的資訊必須放在頭兩個段落。

3-9：Jakob Nielsen,"F-Shaped Pattern For Reading Web Content（original study）",Nielsen Norman Group,2006.
https://www.nngroup.com/articles/f-shaped-pattern-reading-web-content-discovered/

另外，帕尼斯（Kara Pernice）教授等人於2017年進行追蹤研究[3-10]，發現除了F法則外，人的視線還有其他的移動模式（Scanning）。

隨著行動裝置與平板電腦的普及，未來人們消費內容的方式非常有可能出現變化。

3-10：Kara Pernice,"F-Shaped Pattern of Reading on the Web: Misunderstood, But Still Relevant (Even on Mobile)",Nielsen Norman Group,2017.
https://www.nngroup.com/articles/f-shaped-pattern-reading-web-content/

程序❸
—— Memory（讓消費者留下記憶）

即便吸引到了消費者的關注，如果消費者沒留下記憶依舊沒有意義。現代有太多的事物能夠引起人們的興趣。究竟該怎麼做，才能讓消費者記住我們的名字呢？

留下記憶會發生什麼事呢？

　　「詳情請上網查詢！」相信各位應該都看過這樣的廣告。這種引導民眾上網搜尋的廣告，最早出現在2005年左右。有調查指出，跟不引導搜尋的廣告相比，這種引導型廣告能使搜尋量增加2.4倍[3-11]。

　　有些人會使用公司名稱或是商品名稱來搜尋，這種關鍵字稱為「指名關鍵字」。

　　指名關鍵字的搜尋次數，是非常重要的數位行銷指標之一。

　　圖3-16是運用Google Trends，比較「可口可樂」與「百事可樂」的搜尋次數（2018年3月當時）。

圖3-16　運用Google Trends進行比較

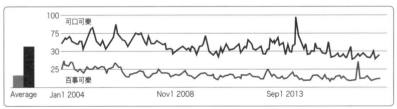

3-11：増田覚「『詳しくは○○と検索』で、商品検索件数が通常CMの平均2.4倍に」INTERNET Watch、2007年。
https://internet.watch.impress.co.jp/cda/news/2007/10/10/17130.html

看得出來2004年以後，可口可樂的搜尋量始終高於百事可樂。不消說，用指名關鍵字搜尋的消費者，其忠誠度當然也很高，他們很有可能選擇該公司的商品而不買其他公司的商品吧。

如果消費者記得公司名稱或商品名稱，網站的回訪率也會大幅提升。相信大家應該都有過，「想要買那項商品，卻想不起它叫什麼名字」的經驗吧。

為了讓大家明白讓消費者記住名字有多重要，這裡再介紹一項調查。選戰開始後，經常能看到候選人搭著選舉宣傳車，在選區內繞來繞去。掃街期間，宣傳車的擴音器都會不斷播放候選人的名字。

候選人沒辦法在短時間內，向選民說明完所有的政見。儘管如此，宣傳車仍不斷播放候選人的名字，你認為這麼做有助於爭取選票嗎？其實這麼做是有幫助的。

關西學院大學的三浦麻子教授研究後發現，「選舉宣傳車若曾經過住家附近，選舉人往往會把票投給那位候選人」[3-12]。不過，選民對候選人的好感度並未隨之提升。

電視上也能看到不少連喊商品名稱的廣告，這應該可以旁證此手法具有一定的效果吧。

講「故事」可避免被人遺忘 　　　　＞

在史丹佛大學研究創意的奇普·希思（Chip Heath）教授與丹·希思（Dan Heath）教授，曾於著作中介紹以下這個發生在課堂上的案例[3-13]。

上某堂課時，他們會請學生先進行一分鐘的演說。然後，請其他學生針對這段演說「是否令人印象深刻」、「是否有說服力」這幾點來給演說者評分。

3-12：神戶新聞「選擧カーで名前連呼、なんと得票效果 関学大研究」2017年4月26日。
https://www.kobe-np.co.jp/news/shakai/201704/0010129963.shtml

不消說，得到高分的當然是能言善道的學生。演講完過了十分鐘後，他們要求學生再次回想演說者提到的每個概念，可是大部分的概念學生都忘光了。

大家不過聽了八段一分鐘的演說，然而記得的概念平均只有一、兩個而已。

那麼，學生記得的概念有什麼樣的特徵呢？事實上，記得的原因跟演說的說服力或演說技巧一點關係也沒有。

關鍵其實在於「故事」。**63%的學生記得演說者所講的「故事」，至於記得「統計數據」的學生只有5%而已。**

成功讓人記住概念內容的演說者，都是運用「故事」勾起聽眾情緒的學生。

這個案例的重點就是，**即便是客觀來看難以差異化的產品，也有機會運用講「故事」的方式讓消費者留下記憶。**

建構品牌並非易事 >

路透新聞學研究所（Reuters Institute for the Study of Journalism）的某份調查報告，提出了一項很有意思的數據。經由搜尋找到文章的訪客當中，只有37%的人記得文章是哪家媒體發布的，透過社群媒體發現文章的訪客也只有47%的人記得[3-14]（相較之下，直接造訪的訪客當中，有高達81%的人事後能想起這個故事刊登在哪裡）。

就連主動點閱文章的訪客都不記得該媒體的名稱了，只看過一次廣告的消費者有辦法記住商品名稱嗎？

在現今這個資訊過多的時代，要讓消費者記住產品名稱或媒體名稱並不容易。

3-13：チップ・ハース、ダン・ハース（著）、飯岡美紀（翻訳）『アイデアのちから』日経BP社、2008年

接觸頻率（Frequency）的效果

人類的認知能力有極限，因此需要一次又一次、堅持不懈（但也別太過煩人）地宣傳。

從事收視率調查的影像研究公司（Video Research Interactive），在2011年與數家公司一同進行「網路廣告效果共同調查[3-15]」。調查報告指出，網路廣告的「接觸次數」只有一次時，廣告的認知度為32.3%；若廣告的接觸次數超過十次，認知度則上升至39.3%（圖3-17）。

不過，接觸頻率過高也有可能造成現有顧客感到不愉快，這點需要多加注意。

圖3-17　各接觸次數的認知率

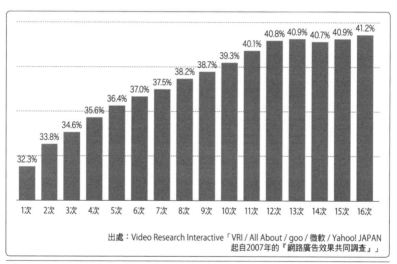

出處：Video Research Interactive「VRI / All About / goo / 微軟 / Yahoo! JAPAN 起自2007年的『網路廣告效果共同調查』」

3-14：Joseph Lichterman,"People who get news from social or search usually don't remember the news org that published it, survey finds",NiemanLab,2017.
http://www.niemanlab.org/2017/07/people-who-get-news-from-social-or-search-usually-dont-remember-the-news-org-that-published-it-survey-finds/
3-15：ビデオリサーチインタラクティブ「VRI / All About / goo / マイクロソフト / Yahoo!JAPAN 2007年から続ける"インターネット広告効果に関する共同調査" 調査結果データの2011年版を発表」2011年。
https://www.videoi.co.jp/news/20110922.html

part 3

廣告這玩意根本沒人在看？──數位時代的「RAM・CE」架構

「認知」是不可或缺的嗎？

在不久之前的時代，一般都認為推出新商品時，要透過電視廣告或報紙廣告大肆宣傳，以獲得顧客的認知。

不過，在數位領域，消費者若是喜歡就會當場點擊滑鼠展開行動；消費者若是不喜歡則會忘了它。在現今的時代，「再打一次廣告好讓消費者記得」或許是有點過於悠哉的想法。

「認知」當然是重要的概念，但對宣傳費用匱乏的企業而言，卻未必是能有效運用的概念。

反而還有可能促使企業拿「認知」這個概念作為擋箭牌，找藉口說「這麼做能提升認知率」，而對廣告費的浪費置之不理。這點可以說是大企業與中小企業的差別。

程序❹
—— Closing（締結成交）

「締結」是指讓消費者在最後按下購買鍵或會員註冊鍵。即使消費者記住公司或產品了，假如最後他們沒按下購買鍵仍舊沒有意義。既然如此，我們該用什麼樣的手法，才能增加會員、提升業績呢？

賣不掉的原因是什麼？ >

西雅圖創業家傑森·迪馬斯（Jayson DeMers）認為[3-16]，未能獲得顧客（未轉換）的原因為以下5點。

①訪客得不到機會

舉例來說，訪客想購買商品，網站上卻只找得到洽詢表單，或是無法上網預約，必須親自打電話才行。

只要改用可以在網路上完成一切程序的系統，就有機會增加轉換。

請問你是否在所有頁面上，適當地設置了能引導訪客購買商品或註冊為會員的動線呢？

3-16：Jayson DeMers,"5 Common Reasons Your Website Isn't Converting", Forbes,2015.
https://www.forbes.com/sites/jaysondemers/2015/04/02/5-common-reasons-your-website-isnt-converting/#2281eda64814

②訪客迷路了

　　舉例來說，你希望訪客點擊的按鈕是不是太小了？是不是不容易發現？建議你不妨檢視一下，網站的設計是否會害訪客迷路。當訪客想要購買商品時，是否都能順利抵達購買頁面呢？

　　網站的跳出率若是偏高，很有可能就是出於這個原因。

③訪客分心了

　　請問，你的網頁是不是放了過多的東西呢？藉由減少會害訪客分心的圖像、影片、特效等要素，或許就能讓訪客專心購買你的商品。

　　建議你試著減少要素，讓訪客能專注在必要的行動上。

　　像Google的首頁就有別於Yahoo!，並未設置橫幅與許多網頁連結，整個頁面十分簡潔，只設置了一個搜尋欄。

④缺乏價值

很遺憾，這可能是最常見的原因。如果商品本身沒什麼價值，自然沒辦法獲得顧客。

不過，這是難以挽救的情況，這裡就先撇開不談吧。

⑤指定的目標不正確

你所指定的目標是否有可能不正確呢？例如「明明是專為富人提供的服務，推出的廣告卻是針對所有消費者」、「明明是專為女性提供的服務，造訪網站的卻都是男性」等等。

如果無法獲得顧客，不妨以上述的觀點思考看看。實際詢問訪客的意見或許也是不錯的辦法。

購買的理由與不買的理由 〉

一般來說，若要締結成交，「製造購買的理由（需求）」與「消除不買的理由（抗拒）」兩者都很重要。拿車子來比喻吧！有購買的理由，就相當於車子已發動引擎。假如引擎沒發動，訪客就不會行動。反之，有不買的理由，就相當於踩了煞車（圖3-18）。當你要締結成交時，必須同時做到「明確舉出購買理由」與「消除不買理由讓訪客安心」。

圖3-18　「購買的理由」與「不買的理由」

這裡推薦4種締結成交、增加顧客或業績的方法。

①讓訪客安心
②精簡選項
③簡化決策過程
④循序漸進

我們依序來看這4種方法吧！

締結❶ ── 讓訪客安心　　>

首先，你必須讓訪客安心才行。這是因為，誇大不實的廣告與口碑實在太多了，導致**消費者對企業抱持強烈的不信任感**。

韓國的研究[3-17]指出，線上的使用者評論對業績有「重大」影響，尤其是個人部落格之類的評論，在產品發售後的一段時間內都有著極大的影響力。

關於使用者評論，消費者會仔細參考平均評價之類的分數，以及給予

最高分的評論內容。也就是說，如果平均評價很低，消費者甚至連看都不看一眼。

假如所有的消費者都是參考評論來挑選商品，各領域應該只有少數幾個特定商品的業績能夠蒸蒸日上吧。

根據Business.com的調查[3-18]，77%的消費者認為評論很重要，完全不看的只有1%而已。此外，99%的人在線上購物時相當在意評論。

這種現象帶來不小的影響，也常引發所謂的「祕密行銷」風波，相信大家都時有所聞。

祕密行銷（Stealth Marketing）

指企業花錢請人偽裝成一般顧客發表評論，刻意製造出來的好口碑，或是利用這種口碑的行銷手法。

3-17：Sung Ho Ha, Soon yong Bae and Lee Kyeong Son,"Impact of Online Consumer Reviews on Product Sales: Quantitative Analysis of the Source Effect",Applied Mathematics & Information Sciences An International Journal,2014.
http://www.naturalspublishing.com/files/published/7fv52zp828lf9t.pdf
3-18：Stacy DeBroff,"7 Surprising Ways Online Reviews Have Transformed the Path to Purchase", business.com,2017.
https://www.business.com/articles/7-surprising-ways-online-reviews-have-transformed-the-path-to-purchase/

除了祕密行銷以外，當然也有正當獲得評論的方法。如果是應用程式，可在適當的時間點催促使用者寫評論；如果是餐飲店，則可祭出「寫評論就招待一道菜」之類的服務。

在自己的網站裡，設置「使用者的感想、顧客的感想」之類的頁面，也是常用的手法之一。

總之重點就是，消費者會對企業發布的資訊存疑，想聽聽實際使用者的意見。

締結❷ —— 精簡選項

哥倫比亞大學的希娜‧亞格爾（Sheena Iyengar）教授，曾經做過一項頗有意思的研究[3-19]。她在美國的高級超市裡，實施了著名的「果醬實驗」。

陳列6種草莓果醬的超市，與陳列24種草莓果醬的超市，各位認為何者的業績比較好呢？實驗結果發現，6種的業績竟比24種的業績高出10倍，意想不到吧？

其實，任何人在思考時都會動用大腦資源。因此，**盡量減輕消費者的負擔（這稱為認知負擔）是很重要的**。

做生意的人總是忍不住想要提供更多的選擇，建議各位不妨果斷地精簡選項吧！

如此一來，業績或會員註冊率說不定就會增加。

應用這個知識，能促使人們做出更好的選擇。根據哥倫比亞大學艾力克‧約翰遜（Eric J. Johnson）教授的研究[3-20]，2003年當時德國的器官捐

3-19：シーナ・アイエンガー（著）、櫻井祐子（翻訳）『選択の科学』文藝春秋、2010年。

3-20：Eric J.Johnson and Daniel G. Goldstein,"Defaults and Donation Decisions", Lippincott Williams&Wilkins.Unauthorized reproduction of this article is prohibited.,2004.
http://www.dangoldstein.com/papers/JohnsonGoldstein_Defaults_Transplantation2004.pdf

贈同意率為12%，奧地利則高達99%。這個差異究竟從何而來呢？

答案就是，兩者的預設選項不同。德國只將自願選擇捐贈器官的人算進「同意」裡（opt-in），奧地利則是把拒絕者以外的人全當作同意捐贈器官（opt-out）。

由此可見，只要不給大腦造成負擔，就能大幅提升器官捐贈同意率。

締結❸ ── 簡化決策過程

一名客人來到家電量販店，他要看的商品是冰箱。這名客人實際開關冰箱門、確認觸感，並向店員詢問一些問題。

店員走上前去想要推銷商品，這名客人優雅地回絕了。然後，他拿起智慧型手機，當場從購物網站訂了一臺冰箱。

這種行為稱為「展示廳現象（Showrooming）」，從數年前開始家電量販店之類的店面就時常看得到這種現象。

事實上，根據英國的調查[3-21]，44%的消費者在線上尋找商品時，也會造訪實體店面。

美國的調查也指出，60%以上的消費者在實體店面購買商品時，會上網查看價格或商品資訊。

為什麼消費者要專程跑去實體店面呢？這是因為，他們想要確認重量、大小、實際印象等，無法透過網路得知的資訊。消費者來到店面並不是為了挑選商品，他們只是為了確認資訊。

根據德勤（Deloitte）的調查，實體店鋪的收益，有56%是受到數位行為的影響[3-22]。

3-21：Clare Weir,"Business View: Shops paying price of 'showrooming' trend", Belfast Telegraph,2014.
https://www.belfasttelegraph.co.uk/business/news/business-view-shops-paying-price-of-showrooming-trend-30290574.html
3-22："Deloitte study: Digital influence redefines the customer experience", Deloitte,2016.
https://www2.deloitte.com/us/en/pages/about-deloitte/articles/press-releases/deloitte-study-digital-influence-redefines-customer-experience.html

由此現象可知，**對多數業種而言，不在線上完成一切程序的壞處與日俱增**。

就連餐飲店這類，從前無法線上結帳或預約的業種也是一樣，盡可能在線上完成一切程序這點，今後會變得更加重要吧。

當然，光是在網路上完成一切程序還不夠。電子商務（線上購物）網站的顧客，把商品放進購物車後就離開網站，亦即「放棄購物車」的比率高達69.23％[3-23]。就算顧客一度覺得「要買也可以」，每10個人當中仍有將近7人沒買東西就離開網站。

亞馬遜很早就著手處理這個問題。當時執行長傑夫・貝佐斯（Jeff Bezos），要求1997年加入亞馬遜的程式設計師佩里・哈特曼（Peri Hartman）「做個能讓顧客輕鬆訂購商品的系統」，這讓哈特曼一個頭兩個大[3-24]。

再怎麼說，對方可是難得一見的創業家，又是以獨裁聞名的經營者。無論如何都得實現這項要求才行。

最後，哈特曼打造出亞馬遜的「1-Click Ordering（一鍵下單）」訂購系統。有了這個系統後，顧客只要事先輸入信用卡資料，看到想買的東西時點一下滑鼠就能訂購。這個系統還以亞馬遜（Amazon.com）的名義取得了專利（2017年失效）。

這個訂購系統也大幅提升了亞馬遜的利潤率。重點是，亞馬遜是在沒增加網站流量的情況下提升業績的。

亞馬遜並未增加廣告量，只是把原先得點擊滑鼠好幾次的訂購流程，縮短成「一鍵下單」罷了。這個改變創造出龐大的利益。

3-23：Baymard Institute,"40 Cart Abandonment Rate Statistics".
　　　https://baymard.com/lists/cart-abandonment-rate
3-24：リチャード ブラント（著）、井口耕二（翻訳）、滑川海彦（解説）『ワンクリック ジェフ ベゾス率いるAMAZONの隆盛』日経BP社、2012年。

免費增值（Freemium）

免費增值是結合免費（Free）與附加費用（Premium）創造出來的新詞，為一種收費模式。基本上消費者可免費使用產品或服務，只有在想使用進階版時才需要付費。

「免費增值」這個概念已普遍化了，目前多數服務都是採取「首次免費」，或者「分為免費版與付費版」這類免費增值模式。

舉例來說，不少智慧型手機遊戲都是首次遊玩免費，網飛（Netflix）也是第一個月可免費看個夠。

如果用Google搜尋1次要付10日圓，或是用YouTube播放影片1次要付100日圓，我們就得花上龐大的費用了（或者有可能丟掉智慧型手機，再度窩回圖書館）。

其實，在網路成為基礎設施之前，大部分的企業都沒考慮過這種以免費為先決條件的商業模式。

不過，現在是免費增值的時代，企業沒理由不運用這股「首次免費」的力量。請問貴公司的商品當中，有沒有能免費提供給顧客的東西呢？（畢竟，日本可是會為了一個原價100日圓的免費甜甜圈大排長龍的國家。）

如果是以企業為對象的事業，建議你別急著跟對方談生意，而是先蒐集電子信箱，並提供對客戶有幫助的資料。或者，你也可以請對方訂閱電子報。

像這種循序漸進、逐步接觸客戶的手法，在企業對企業的行銷上稱為「Lead Nurturing（潛在客戶培養）」。

無論經營何種事業，都絕對不要低估循序漸進的效果。畢竟交易金額越大，客戶越不可能突然做出決定。

建議各位不妨重新考慮一下免費增值的做法。

3-6

程序❺
── Engagement（互動）

這個互動帶有「連繫」的意思。畢竟現在是個行動裝置不離身的時代，企業更需要與消費者連繫互動。本節就來重新想一想，該如何與消費者連繫互動。

智慧型手機的普及與「互相連繫的時代」 >

在2005年至2015年這十年內，智慧型手機的銷售量從零成長到10億～20億隻，比個人電腦的普及速度還要快[3-25]。智慧型手機的個人持有率，在2016年度終於超過55%，20歲與30歲年齡層的持有率更超過90%（圖3-19）。

根據日本總務省的「資訊通訊白皮書」指出，20幾歲的民眾每天使用行動裝置的時間超過120分鐘。另外，49歲以下的民眾，智慧型手機的使用率高於電腦的使用率。因此可以說，無論哪個年齡層都正面臨行動變革吧。

這個時代的互動，與過去有很大的差異。

3-25：Tim Walters,"Understanding the "Mobile Shift": Obsession with the Mobile Channel Obscures the Shift to Ubiquitous Computing", Digital Clarity Group. http://www.digitalclaritygroup.com/understanding-the-mobile-shift-obsession-with-the-mobile-channel-obscures-the-shift-to-ubiquitous-computing/

圖3-19　智慧型手機個人持有率的變遷

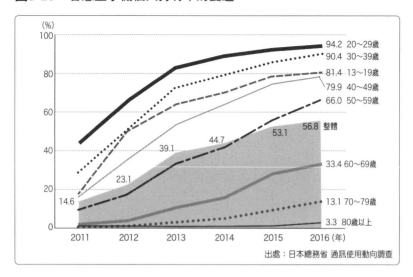

出處：日本總務省 通訊使用動向調查

互動的歷史 >

直接行銷（Direct Marketing）

　　直接行銷是指，針對特定顧客實施的雙向行銷。例如，美容院寄賀年卡給顧客，或是化妝品製造商寄含有試用品的直郵廣告給顧客，這些都屬於直接行銷。

　　互動的歷史要從直接行銷開始說起。直接行銷是介於銷售與行銷之間、發展已久的手法（最早的直接行銷，據說是西元前1000年寫在莎草紙上的逃奴招募廣告。換言之，直接行銷是歷史上最古老的行銷手法）。

實施直接行銷時，若要再度聯絡舊顧客，只能透過寄直郵廣告到顧客的住處，或是打推銷電話等方式，難度比現在的互動方式高出許多（圖3-20）。

圖3-20　互動方式

	行銷手段	在日本普及的時間
住址	直郵廣告	1950年代以後
電話號碼	推銷電話	1970年代以後
電子信箱	電子郵件	1990年代以後
追蹤SNS	社群媒體	2010年代以後
下載應用程式	推播通知	2010年代以後

不過，連繫顧客的手段隨著時代增加，運用SNS（社交網路服務）或電子信箱等工具，增加更多的顧客接觸點時，需要做的事情也變多了。

另外，直郵廣告或夾報傳單上，除了註明電話號碼外，如果能放上QR Code或SNS帳號等資訊，顧客會更容易做出反應。

電郵行銷與「垃圾」郵件 >

1978年，DEC（Digital Equipment Corporation）的行銷負責人蓋瑞‧舒爾克（Gary Thuerk），在歷史上留下了某項偉業。

跟多數的偉業一樣，偉大的成就通常都是在回顧過去時才被人發現。

當時舒爾克給400個人寄了一封廣告郵件。這件事之所以成為偉業，是因為這封電子郵件正是最早出現的廣告郵件，也是最早的數位行銷（圖3-21）。

圖3-21　最早的垃圾郵件

```
Mail-from : DEC-MARLBORO
Date : 1 May 1987 1233-EDT
From : THUERK at DEC-MARLBORO

DIGITAL WILL BE GIVING PRODUCT
PRESENTATION OF THE NEWEST MEMBERS
OF THE DFCSYSTEM-20 FAMILY ; THE
DFCSYSTEM-2020, 2020T, 2060, AND
2060T...
```

「DEC將舉辦發表會，介紹最新產品DECSYSTEM-20系
列：DECSYSTEM-2020、2020T、2060以及2060T……」

　　當時，ARPANet（高等研究計畫署網路，最早的網際網路）使用者
只有2600人而已[3-26]。據說舒爾克就是向其中的400人，發送自家公司新
產品「電腦」的資訊。這即是今日所謂的「垃圾郵件（Spam）」手法。

　　舒爾克表示，這封郵件「為公司帶來1300萬美元或1400萬美元的業
績」。在這層意義上，這場垃圾郵件行銷可說是相當成功吧。
　　嚐到「垃圾郵件」這顆禁果的我們，猶如被逐出伊甸園的亞當和夏
娃，再也無法回到沒有垃圾郵件的樂園。
　　要是知道「垃圾郵件」將會令全世界的人天天困擾與煩惱，舒爾克還
會做出同樣的事嗎？

3-26：Gina Smith,"Unsung innovators: Gary Thuerk, the father of spam",
COMPUTERWORLD,2007.
https://www.computerworld.com/article/2539767/cybercrime-hacking/unsung-
innovators--gary-thuerk--the-father-of-spam.html

他自己也表示：「我認為自己是『數位行銷之父』，但大家似乎不這麼想。」

現代的電郵行銷 >

自從舒爾克發明了垃圾郵件之後，電郵行銷便有增無減，ROI（投資報酬率）也很高。根據eMarketer的資料，美國廣告代理商實施的電郵行銷投資報酬率高達122%，遠超過使用社群媒體（28%）與直郵廣告（27%）的效果[3-27]。

企業對企業的行銷經常使用電郵行銷這個手法。最近大多數的人都以LINE之類的即時通訊軟體為主要溝通工具，因此個人使用電子郵件的頻率似乎變低了，不過電子郵件依舊是企業的主要溝通工具。

MA(行銷自動化)與潛在客戶培養 >

企業對企業的電郵行銷，後來又進一步地發展成MA（Marketing Automation，行銷自動化）。

行銷自動化是一種在最適當的時間點，自動發送內容或訊息給顧客，或是自動分類顧客（Lead Scoring）的手法。

舉例來說，第一天要發送什麼樣的郵件、一週後要發送什麼樣的郵件，或者顧客購買後要發送什麼樣的郵件等等，這類潛在客戶培養或互動都能自動化，有效率地進行。

3-27：Emarketer,"Email Continues to Deliver Strong ROI and Value for Marketers", 2016.

主要的MA供應商有：

☐HubSpot
☐Marketo
☐Pardot（由Salesforce.com提供）

……等等。

一般而言，如果是企業對企業的行銷，通常無法只靠一次行銷就成功簽約。若從更長遠的觀點來考量，如何與在展覽或講座等場合獲得的潛在客戶談生意、締結成交便是應該著重的關鍵。

你在找什麼呢?

—— 搜尋引擎與SEO

搜尋引擎的誕生與歷史

Google是史上第一個搜尋引擎嗎？不是。Google是史上最後一個搜尋引擎嗎？有可能……為什麼搜尋會如此普及呢？本節就循著Google的歷史，回顧搜尋的發展。

Google的誕生與稱霸 >

　　相信應該沒有人從來不曾使用過Google吧？（撇開上個世紀末以來都不曾有過疑問的人不談。）

　　Google是賴利・佩吉（Larry Page）與謝爾蓋・布林（Sergey Brin）於1995年研發出來的搜尋引擎，當時兩人還只是史丹佛大學的研究生。

　　如今，Google搜尋引擎的單月搜尋量超過1000億次[4-1]。也就是說，在各位閱讀這篇文章的1秒鐘內，有大約3萬8000次的搜尋活動在Google上進行。

　　Google能成為有效率的搜尋引擎，其中一個原因就是兩人研發的「網頁排名（PageRank）[4-2]」演算法（史丹佛大學的網站上也看得到這篇論文）。

　　網頁排名是把超連結（網站之間的連結）看作是論文的引用次數，運用這個數值推斷網頁的重要性（圖4-1）。

4-1：https://www.thinkwithgoogle.com/data-gallery/detail/google-searches-per-month/
4-2："The PageRank Citation Ranking:Bringing Order to the Web",1998.
　　　http://ilpubs.stanford.edu:8090/422/1/1999-66.pdf

圖4-1　網頁排名的機制

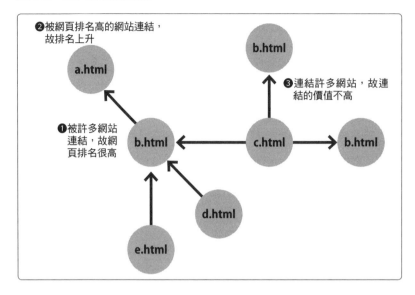

既然這個網頁被許多網頁連結（反向連結很多），可見它應該會受到訪客支持。此外，自己支持的網頁所連結的其他網頁，想必訪客也會支持吧……排名就像這個樣子以遞歸思維去推算。

這就是網頁排名的基本概念。

當時全球最大的搜尋引擎「AltaVista」，是以「完全一致的單字出現頻率，以及完全一致的單字之間的距離（也就是間隔幾個字）」決定搜尋結果順位的[4-3]。

因此，想人為提高排名並不困難。

4-3：Heting Chu,Marilyn Rosenthal,"Search Engines for the World Wide Web: A Comparative Study and Evaluation Methodology",American Society for Information Science,1996.
http://cui.unige.ch/tcs/cours/algoweb/2002/articles/art_habashi_arash.pdf

不消說，Google也具備全文檢索功能。但跟競爭對手不同的是，排序邏輯是以提供更重要的網頁為目的。

Google的搜尋品質負責人馬特・卡茲（Matt Cutts）表示[4-4]，以前他們曾在公司內部試用新的搜尋系統，這個系統不看外部連結，只以全文檢索決定排序，然而搜尋出來的結果卻是「亂七八糟」。

由此可見，網頁排名的基本概念有多麼重要。

當然，Google現在的系統更上一層樓了，不過基本概念始終如一。所以結論就是，要讓你的網頁重要到會被人引用。

題外話，Google的內部網路搜尋系統是出了名的難用。

大家常開玩笑說，明明是專門提供搜尋服務的公司，想搜尋內部資料卻比登天還難。現在應該有變得比較好用了⋯⋯大概吧？

4-4：Google Webmasters,"How can content be ranked if there aren't many links to it?",YouTube Channel,2014.
https://www.youtube.com/watch?time_continue=1&v=Rr1J31jTyFg

SEO的基礎知識

說到SEO，或許有些人會覺得聽起來有點難。其實要做的事很多，此外也需要專業知識。本節就來說明掌握SEO所需要的知識。

何謂SEO？ >

　　SEO（Search Engine Optimization，搜尋引擎最佳化）是什麼呢？簡單來說，就是**「獲得搜尋引擎青睞的設計」**。使用者是靠視覺觀察評鑑網站的，但Google這類搜尋引擎的bot（漫遊器）沒有眼睛（圖4-2）。

　　因此，我們需要以不同於為獲得人類青睞所使用的設計觀點，想出對策優化網站。

圖4-2 SEO與設計的差別

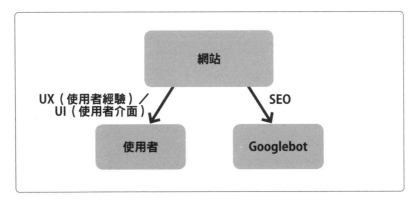

必知的SEO用語

只要記住以下這些用語，談論SEO時就不至於鴨子聽雷。這些用語之後也會出現在本書裡，請各位先看過一遍留個印象。

檢索器（Crawler，或稱為網路爬蟲）／檢索（Crawling，或稱為搜爬）

檢索器是一種在各個網站之間巡邏，抓取網頁資料的bot（漫遊器／機器人）。

以前，運用檢索器的搜尋引擎稱為「機器人搜尋引擎」。不過，由於它的反義詞「目錄式搜尋引擎」已經消失，現在幾乎不用這種說法了。

索引（Index）／建立索引（Indexing）

Index即是「索引」。Indexing 則是指搜尋引擎的檢索器抓取到網頁資料，將之儲存到搜尋引擎的資料庫裡。

搜尋查詢（Search Query）

　　使用者實際搜尋的關鍵字。舉例來說，假使你設定的關鍵字為「溫泉 推薦」，使用者實際查詢時也有可能使用「溫泉 推荐」或「溫泉 推薦 關東」之類的關鍵字。建議各位不妨用 Search Console檢查看看。

隨機搜尋（Organic Search，或稱為自然搜尋）

　　付費搜尋的反義詞，一般不講「免費搜尋」。

反向連結（Backlink）／導入連結（Inbound Link）

　　導向自家公司網站的連結，在網頁排名上是非常重要的指標。雖然不管被連結的是哪個網頁，在該網域下都有一定的反向連結效果，但每個網頁都有反向連結的話效果會更大。

2010年當時的Google執行長，艾瑞克‧史密特（Eric Schmidt）曾表示[4-5]，Google是用200多個訊號來決定搜尋結果順位（當然，現在使用的訊號應該更多了）。

另外，Google在2015年導入了運用AI（人工智慧）的RankBrain演算法，可根據文章脈絡分析網站的內容。

這些訊號當中，有幾個是使用者平常鮮少會用到的。例如，meta description（描述標籤）在使用者眼中是沒有意義的，而圖像的alt屬性對於網速不慢，或是沒有視覺障礙的使用者來說也是沒什麼必要的。

可是，SEO卻不可缺少這些要素。**因為搜尋引擎接收到的訊號（要素），比人類眼睛接收到的還要多。**

多年來在Google管理SEO部門的馬特‧卡茲表示[4-6]，最基本的重點就是「內容與導向你網站的連結」。

至於網頁排名的基本機制前面已說明過了。相信大家已經明白連結的重要性。

另外，Google判斷好內容的技術也是日新月異，能以更接近人類的觀點掌握所有資訊。

美國大型SEO企業「Moz」在2015年，請自家的資料科學團隊與150名搜尋行銷專家進行調查，然後針對「什麼樣的因素會影響搜尋排名」做了一個排行榜[4-7]，其中反向連結、內容以及互動（使用者在網站內的行動）是最重要的三大因素（圖4-3）。

4-5：Danny Sullivan,"Schmidt: Listing Google's 200 Ranking Factors Would Reveal Business Secrets",Search Engine Land,2010.
https://searchengineland.com/schmidt-listing-googles-200-ranking-factors-would-reveal-business-secrets-51065
4-6："Google Q&A+ #March",YouTube,2016.
https://www.youtube.com/watch?v=l8VnZCcl9J4
4-7："Search Engine Ranking Factors 2015",moz.com,2015.
https://moz.com/search-ranking-factors

圖4-3　影響SEO排名的因素排行榜

名次	分數	因素	說明
第1名	8.22	網域層級的反向連結	網域層級的網頁排名、連結的品質等等
第2名	8.19	網頁層級的反向連結	網頁排名、錨定文字分析、連結來源分析等等
第3名	7.87	各網頁的關鍵字與內容相關性	話題與查詢的相關性、關鍵字有無優化等等
第4名	6.57	各網頁的關鍵字與內容的品質	易讀性、內容長度、獨特性、HTML標記等等
第5名	6.55	互動、流量與查詢	點擊率、流量品質、看完率等使用者資料
第6名	5.88	網域層級的品牌品質	在新聞或新聞稿中的提及率等等
第7名	4.97	網域層級的關鍵字	網域名稱與關鍵字是否一致等等
第8名	4.09	網域層級的品質	是否安裝SSL憑證、域名長度等等
第9名	3.98	網頁層級的社交指標	Facebook的按讚數、Twitter的推文數、Google的＋1等等

Google對於SEO有何看法？

如果想實際詢問問題，除了利用網站管理員在線問答（Webmaster Office Hours），由Google員工為你解答外，還可加入網站管理員社群[4-8]。

另外，Google也有提供官方的入門指南[4-9]，非常推薦大家參考。

與其去買內容拙劣的SEO書籍，先把官方的入門指南看完會更有幫助吧。本書也是依據此入門指南的內容編寫而成的。

問題在於SEO，還是網站？ >

當你要展開事業時，如果抱著「流量就靠SEO來想辦法」的打算，這並不是明智之舉。原因在於，搜尋引擎最佳化只是事後改善罷了。

如同前述，獲得連結是很重要的，但這並非一朝一夕就能辦到。

SEO成效不彰的網站，絕大多數都是對使用者沒什麼幫助的網站（圖4-4）。

畢竟現在搜尋引擎也更加進步了，無時無刻都在評鑑哪些網頁或內容真的對使用者很重要。

切記，若想讓自家公司的網站**獲得搜尋引擎的肯定，「製作出使用者覺得好用、有幫助的網站」是最快的方法**。

4-8：Google網站管理員
https://www.google.com/intl/zh-TW/webmasters/connect/
4-9：Google Search Console說明
https://support.google.com/webmasters/answer/7451184 （最新版）

圖4-4　SEO的判斷標準

	對使用者有益	使用者不需要
搜尋引擎會評鑑	**最重要的SEO**	要做也可以的SEO
搜尋引擎不會評鑑	設計、UI／UX	

　　當然，只要正確瞭解搜尋引擎的特性，確實能夠有效率地獲得流量，像之前的策展媒體熱潮與垂直媒體熱潮就是其中兩例。除此之外，還有像聯盟這種以搜尋引擎為先決條件的事業。然而，這些方法都無法保證演算法變更後，網站能否繼續獲得搜尋引擎的青睞。

　　如果網站沒有搜尋流量，你或許需要換個角度想一想，**有可能不是SEO成效不彰，而是網站本身對使用者來說並不是個好網站吧？**

　　請你先暫時拋開「以SEO觀點來看是好是壞？」的思考方式。用心製作出使用者覺得好用、易讀的網站，才是最快的捷徑。

　　製作出這樣的網站後，再慢慢補上搜尋引擎需要的東西就好。

Google員工不太懂SEO？

　　題外話，大部分的Google員工（網站管理員除外）對SEO幾乎一無所知。就算懂SEO，他也沒辦法給你建議，更沒機會向對方學習。假如你認識Google員工，勸你還是別問他這方面的問題比較好。

　　容我稍微離題一下。Google試圖排除的垃圾索引（Spamdexing，又稱為黑心SEO），究竟是什麼樣的手法呢？

　　舉例來說，就是網站使用了以下將介紹的各種方法。這類方法大多在Google更新演算法後就會失效，因此請各位絕對不要使用。

　　要是用了，就有可能遭到懲罰而失去搜尋流量，況且這麼做也沒有成效可言。不過反過來說，只要認識這些手法，就能避免自己不小心犯錯。

　　人經常會做出「重造輪子」（指重新創造一個已經存在，或是早就已經被最佳化過的基本方法）的行為，但當事者往往認為自己想出的是絕妙的點子。

文字沙拉（Word Salad）

　　這是一種自動產生無意義的字詞，假裝網頁含有大量相關字詞的手法。以前因為分析文章脈絡的技術不發達，即便是這種拙劣的方法，仍舊有可能讓網站排在搜尋結果的前幾名。

購買連結

　　以前，SEO領域曾有一段時間相當盛行購買反向連結。這類連結目前被視為違規，對SEO相當不利。曾有上市企業因為遭到懲罰導致搜尋流量驟減。

　　如果不小心誤買反向連結，或是有危險的網站連結你的網頁，就需要運用Search Console之類的工具移除連結。

隱藏連結／隱藏文字

　　這是指把字體顏色設定成跟背景顏色一樣，或是把字體大小設定成小到看不見，藉此偷偷加入連結的手法。另外，在部落格外掛或小工具裡偷偷設置連結的手法也盛行過一段時間。

衛星網站（Satellite Site）

　　這是指利用免費部落格之類的服務，設立沒什麼用處的網站，藉此累積反向連結的手法。假如這個網站並未正常經營運作，就有可能被視為違規而遭到懲罰。

　　假如網站正常經營運作，則會被當作自有媒體的內容行銷，因此會不會挨罰就看你怎麼運用。

※譯註：衛星網站相當於Google入門指南提到的
　　　　Doorways，即入口網頁或入口網站）

展開SEO

本節就帶大家實際操作SEO看看吧！正式實施SEO時得考量到許多細節，礙於篇幅，這裡僅簡單說明大架構。想進一步學習的人，請另外參考SEO對策相關書籍。

SEO的基礎❶ ── 加上讓消費者一看就懂的標題與說明

以下就為各位說明SEO的3個基本重點。

首先來看SERPs（搜尋結果頁）（圖4-5）。

圖4-5　搜尋的畫面

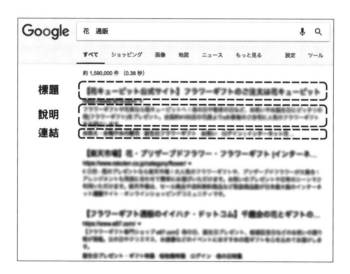

這裡就以花店的電商網站為例吧！如果標題或說明直接使用「花」或「Flower」等字詞，便不難知道這是什麼網站。另外，如果網站叫做

「網路花店.com」或「flower-gift.com」，一眼就能看出這是賣送禮用花的網站。

反之，如果用「Fiore（義大利語的『花』）」或「Blume（德語的『花』）」當作網站名稱，結果會怎麼樣呢？雖然名字很有品味，但消費者有可能看不懂意思。

這就是實體商店與網路商店的差別吧。若要吸引消費者點擊連結，最好盡量讓消費者能夠輕鬆掌握到網站資訊。即便你辛辛苦苦做了一個很棒的網站，如果說明得不清不楚，消費者依舊不會點擊。這一點非常重要。

TIPS① —— 使用相關度高的標題／說明

舉例來說，在標題裡加入「花」這個字就頗為重要。只要搜尋引擎判斷相關性很高，就能給排名帶來良好的影響。

TIPS② —— 每個網頁使用不同的標題／說明

雖然這點要視網站的結構而定，不過網頁最好盡量使用不同的標題或說明。畢竟消費者搜尋到的是網頁，你必須言簡意賅地說明這個網頁的內容。

說明內容要簡單易懂，並且寫得具體一點。

TIPS③ —— 標題的威力不只影響排名

變更標題或說明，不只會牽動排名，對點擊率也有很大的影響。即使排名沒變，只要點擊率增加2倍或3倍，流量自然也會隨之提升。

與其膚淺地塞了一堆關鍵字，不如使用能吸引消費者點擊，而且一看就知道內容的標題或說明吧！

SEO的基礎❷ —— 選定關鍵字／查詢字詞 >

要定義「好關鍵字」未必是件易事。

這裡就以「玫瑰」這個關鍵字，與「玫瑰 網購」這組關鍵字為例說明吧！

單就搜尋量來看，當然是「玫瑰」這個關鍵字的搜尋量比較多。但是，搜尋「玫瑰」的人當中，有些人是想瞭解玫瑰這種植物的生態，有些人是想知道花語。另外，可能也有人是想找附近的植物園。

因此，縮小範圍使用「玫瑰 網購」這組關鍵字的話，應該會比較容易增加業績吧。

以下是Google的官方資料「Search Quality Evaluator Guidelines」中[4-10]，有關於搜尋查詢種類的說明（圖4-6）。

4-10："General Guidelines",Google,2018.
https://static.googleusercontent.com/media/www.google.com/ja//insidesearch/
howsearchworks/assets/searchqualityevaluatorguidelines.pdf

圖4-6 關於查詢的種類

查詢的種類	說明	範例
知識查詢	有關問題或特定知識的查詢。可分為查知廣泛知識，以及回答特定問題兩大類	「拿破崙」 「一朗 年齡」 「英國 首相 誰」 「墾田永年私財法 意思」
執行查詢	有關特定行為的查詢。例如安裝應用程式	「龍族拼圖 安裝」 「BMI 測量」
網站查詢	為了前往特定網站而查詢	「Cookpad」 「Yahoo!」
造訪查詢	為了前往實體店面或是設施而查詢，主要透過行動裝置搜尋	「便利商店」 「新宿站 中華料理」

要判斷使用者搜尋「蘋果（Apple）」時，是想找水果還是找企業並不容易。**就算查詢字詞的搜尋量很多，也不會立刻反映出需求的多寡或流量的價值。**

查詢除了上述的種類外，還可依搜尋量的多寡來分類。

一般都是使用圖4-7的分類方式。

不過，這裡的「大」與「小」沒有統一的定義，也有人省略中關鍵字，只分成兩大類，因此圖4-7僅供參考。

圖4-7 大、中、小關鍵字

	單月搜尋量	特徵
大關鍵字	10萬次以上	即使排名不高也能獲得一定流量。不過,也有不少關鍵字雖然搜尋量多,相關性卻很低
中關鍵字	1萬～10萬次	也是有效果的關鍵字。如果搜尋量有數萬次,只要一個關鍵字的排名夠高,業績就能有一定的成長
小關鍵字	1萬次以下	如果只有一、兩個關鍵字排名高就很難看到效果,因此需要採取「長尾策略」,使用多個關鍵字

part4

你在找什麼呢?── 搜尋引擎與SEO

SEO的基礎❸ ── 簡單易懂的網站結構與PLP >

　　先從網站的結構看起吧!其實,網站結構(包括所有的內部連結在內)所造成的影響沒那麼大,只是之後要變更並不容易,因此一開始就要設定好,這點很重要。

　　雖然網址對使用者而言不怎麼重要,但對搜尋引擎來說,卻是能掌握種類等資訊的重要要素之一。

　　網站的結構應該要像圖4-8那樣,依照類別歸類,好讓搜尋引擎得知網頁的種類。

圖4-8 網站結構的概念

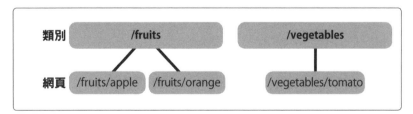

雖然內部連結的作用跟外部連結不同，但在SEO上，內部連結也有加分效果。連結來源的評價會影響到連結的網頁，因此若盡量將連結集中在排名較高的網頁上，排名較高的網頁就比較容易出現在搜尋結果中。

　　另一個重點則是，網址要簡單易懂。網址有無加入關鍵字，在SEO上同樣是重要要素之一。

PLP（Preferred Landing Page）

　　PLP翻譯成中文應該叫做「優先到達網頁」吧。這是指當使用者搜尋關鍵字時，希望能夠優先顯示、前往的到達網頁。

　　舉例來說，假設你經營時尚部落格，那麼你應該會希望使用者在搜尋「男士 時尚」時，搜尋結果能顯示給男性看的內容，搜尋「女士 時尚」時則顯示給女性看的內容。

　　不過，畢竟我們無法控制搜尋引擎，目標關鍵字未必都能媒合到適當的到達網頁。

SEO的基礎❹ ── 加快網頁的載入速度　　>

　　網頁的載入速度是SEO的其中一項標準。我們可以使用以下的工具，檢測網頁的開啟速度。

Page Speed Insights

(https://developers.google.com/speed/pagespeed/insights/)

　　這是Google提供的工具，可檢測網頁的載入速度，並提供加快載入速度的建議。

　　網站的外觀與易讀性固然重要，但網頁的載入速度若是太慢，訪客就很容易離開（尤其是使用行動裝置時）。這點也要多加注意。

檢查點❶ —— 檢查搜尋排名與點擊率 　　　　　　　　>

　　我們先用Search Console檢查目標關鍵字的排名與點擊率吧！

Google Search Console

（原名：Google Webmaster）

(https://www.google.com/webmasters/)

　　這項工具可以得知訪客是使用何種搜尋關鍵字，找到並造訪你的網站。不僅能夠知道各個關鍵字的點擊率與搜尋排名等資料，還可以移除危險的連結、檢測錯誤等等。

請你觀察一下，特定關鍵字的排名有什麼樣的變化呢？另外，當中有沒有點擊率偏低的查詢字詞呢？

圖4-9是美國Google搜尋前10名的點擊率平均值。建議你可以拿這份數據來比較，檢查自己的點擊率是高是低。

圖4-9　Google搜尋前10名的點擊率[4-11]

搜尋排名	點擊率
第1名	20.5%
第2名	13.32%
第3名	13.14%
第4名	8.98%
第5名	9.21%
第6名	6.73%
第7名	7.61%
第8名	6.92%
第9名	5.52%
第10名	7.95%

檢查點❷
── 用看完率與停留時間評鑑內容的品質

建議你可以檢查使用者的停留時間與看完率（捲動深度），評鑑內容的品質。

關於看完率，你可以運用Google Tag Manager，設定Google Analytics的追蹤事件。

4-11："Ready to learn how high click-through rates are for specific Google positions in 2017? In this micro-study,we will cover just that and provide some insight",ignitevisibility.com,2017.
https://ignitevisibility.com/ctr-google-2017/

Google Tag Manager（GTM）
(https://tagmanager.google.com/)

　　這是Google提供的代碼管理工具。只要給網站埋入一個代碼，之後就能直接透過Google Tag Manager埋設各種代碼，無須再修改HTML檔案。

　　像轉換追蹤代碼、Google Analytics的追蹤代碼等代碼也可以統一管理。

　　另外，只要觸發事件，就會將看完率之類的使用者事件，記錄到Google Analytics這類分析工具裡。

＞

跳出率與單次工作階段頁數，是可評鑑使用者回遊性高不高的指標。

跳出率／單次工作階段頁數

跳出是指使用者不看其他網頁就離開網站。跳出率則是，「在整個工作階段中跳出占了百分之幾」的指標。

單次工作階段頁數則是，「在單次工作階段中使用者查看了幾個網頁」的指標。這個指標可評鑑使用者在透過搜尋抵達網頁（到達網頁）後，對其他網頁有沒有興趣。

例如我們可以確定，雖然到達網頁成功吸引到訪客，卻沒辦法讓他們對其他網頁感興趣。

並非跳出率高就一定不好，像比較沒有其他內容的網頁、只有文章的新聞網站等等，這類網頁或網站的跳出率就偏高，而跳出率低也未必就比較好。

製作優質的內容

什麼是優質的內容呢？我們來看看Google的「Search Quality Evaluator Guidelines」[4-12]怎麼說吧！本節就參考這份資料，以及Bing官方部落格[4-13]的文章，為大家說明什麼是優質的內容。

製作優質的內容❶ —— 網頁的目的 >

網站必須製作對訪客有幫助的內容。那麼請問，你是為了什麼目的才製作這個網頁呢？訪客造訪網頁的目的五花八門，有的訪客「想知道今年的職棒排名」，有的訪客「想學習平賀源內的成就」，有的訪客「想尋找附近的美味餐廳」，有的訪客「想觀賞特定影片」。不管怎樣，你的網頁一定都有該達成的目的。

如果忽視訪客的目的，只是為了提高自家公司的收益才製作，這個網站或網頁的評價絕對不會太好。

只要明白網站或網頁的目的，便能掌握評鑑內容時應考量的標準。

根據Google指南的說明，「只要是為了訪客去製作內容，無論是百科全書也好，PDF也罷，又或者是影片都無妨，品質的好壞並非取決於網頁的類型」。

因為網站或網頁都有各自的目的。

4-12："General Guideline",Google,2018.
　　　https://static.googleusercontent.com/media/www.google.com/ja//insidesearch/howsearchworks/assets/searchqualityevaluatorguidelines.pdf
4-13："The Role of Content Quality in Bing Ranking",Bing blog,2014.
　　　https://blogs.bing.com/search-quality-insights/2014/12/08/the-role-of-content-quality-in-bing-ranking/

　　根據Google指南提供的說明，網頁內的所有內容，可分為主內容（MC）、副內容（SC）以及廣告／收益化（廣告）（圖4-10）。

　　若要掌握網頁的目的、評鑑網頁品質（PQ），就必須將一個網頁裡的內容區分成這幾個部分。

圖4-10　主內容、副內容以及廣告

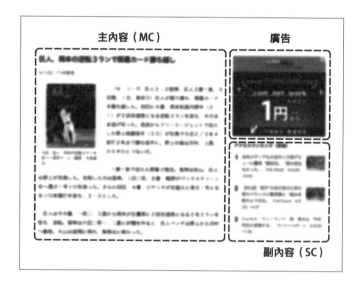

主內容（MC）的定義

　　用來達成網頁目的的內容。以新聞網站來說就是正文，以影音網站來說就是影片，以登入頁來說就是登入表單。

　　使用者若能清楚辨識、輕鬆理解主內容，也有助於達成網頁的目的。

副內容（SC）的定義

　　無法直接達成網頁目的的補充內容。例如頁首、側邊欄、相關網頁或熱門商品等等都屬於副內容。

　　使用者評論對部分網頁而言是主內容，不過對大部分的網頁來說則是副內容。一般而言，既非廣告也不是主內容的網頁就算是副內容。

廣告的定義

　　加入廣告，不見得一定會破壞使用者經驗、降低網頁品質。

　　不過，某些種類的廣告確實有可能損害品質。另外，關於靠廣告獲利這件事，一般來說行動網頁應比電腦網頁更謹慎一點。

總而言之就是要注意以下3個重點：

□**製作明確且充實的主內容（MC）**
□**主內容的版面編排要能讓訪客輕鬆辨識（看得出不是副內容或廣告）**
□**不添加會過度損害訪客經驗的廣告，此外也不加入過多的廣告**

製作優質的內容❸ —— 關於網頁的外部評價

　　根據Google指南的說明，搜尋引擎會查找新聞報導、值得信賴的個人評論以及其他參考資料，調查外界對這個網頁的評價。

　　也就是說，「新聞報導、維基百科的文章、部落格的文章、雜誌的文章，全都有可能影響評價」。

製作優質的內容❹ —— 網頁品質的評估

　　Google指南重視與讚賞具備以下「E-A-T」這三種特徵的內容。**「E-A-T」是由Expertise（專業性）、Authoritativeness（權威性）、TrustWorthiness（可信賴性）這三個詞的第一個字母組合而成。**

Expertise（專業性）

　　專業性的定義，視網頁的類型而有所不同。假如是餐廳評論，有無附上相片就很重要；假如是食譜，有沒有寫上步驟或分量就很重要；假如是關於程式設計的部落格，有沒有寫到程式碼就很重要；假如是關於嗜好的網頁，有無提供其他網頁沒有的資

訊、提供的資訊有多詳盡等等，這些都很重要。

　　有些人雖然不是權威，卻有可能是專家。舉例來說，總理大臣具有十足的權威性，但說到30分鐘就能上菜的簡單食譜，主婦可能才是專家。

　　思考網頁的目的為何、達成目的需要何種專業性，並且釐清訪客之所以選擇你的網頁，不去造訪其他網頁的原因，便能提高專業性。

Authoritativeness（權威性）

　　權威性是把重點放在「是『誰』說的」上。以醫療資訊來說，醫師便可算是「權威」；以音樂資訊來說，職業音樂家便可算是「權威」；以股票交易來說，證券分析師便可算是「權威」。

　　權威性與專業性有部分重疊。跟專業性不同的是，權威性取決於外部的評價或過去的累積。

　　以特定疾病為例。患者是該疾病的專家，因為某些重要資訊只有他們能夠提供。但是，患者並非權威。

TrustWorthiness（可信賴性）

　　想提高可信賴性，就要提出充分的證據、標示出處、引用有憑有據的論文。

　　舉例來說，跟「比起A更推薦B」這種籠統的記述相比，「○○論文指出，有大約20%的使用者比起A更青睞B」這種記述更值得信賴吧？

　　如果記述內容有憑有據，可信賴性就很高；假如記述內容已被許多新聞證明是不實的，搜尋引擎便會判定可信賴性不高吧。

製作優質的內容❺ ── 關於YMYL ＞

　　YMYL（Your Money & Your Life）一詞，直譯就是「有關金錢與生活的內容」。**不正確的資訊對使用者是有害的，因此Google向來嚴格監控YMYL內容**。像疾病的資訊或預借現金的資訊就包括在內。

總結──什麼是優質的內容？ ＞

　　對Bing來說，Authority（權威）、Utility（實用）、Presentation（易讀）是優質內容的三大重要元素。

　　上述內容可歸納出以下幾個重點：

□**提供其他網頁沒有的獨家內容**
□**清楚標示你（你們）是誰**
□**不提供無憑無據的資訊，提供有證據或數據的資訊**

當然，光是做到這幾點依舊不夠完美，還是有可能會出現品質不佳的網站。

　　不過，Google近幾年的更新都是依循這些方針，不合乎E-A-T的內容，未來想排在搜尋結果的前幾名可會越來越困難吧。

推動內容行銷／
成立自有媒體的方法

「內容行銷」、「自有媒體」……這兩個名詞相信大家都時有所聞吧？本節就來談談如何運用內容行銷與自有媒體。

何謂內容行銷？ >

　　我在Part 3介紹過「三重媒體」，其中免費媒體與付費媒體這兩個名詞不太常用，至於「自有媒體」一詞則跟「內容行銷」這個名詞一起廣為使用。

自有媒體？內容行銷？搏客來行銷？

　　運用自有媒體（自家公司的媒體）等媒介的行銷手法，一般稱為「內容行銷」。

　　搏客來行銷（Inbound Marketing）與內容行銷的意思差不多，但在日本國內，「Inbound」一詞是指針對外國觀光客的措施，因此一般都是使用「內容行銷」這個名詞。

　　「內容行銷」與「自有媒體」這兩個名詞，自某個時期開始成了數位行銷的寵兒。只要寫寫部落格、成立自己的媒體，即使不打廣告商品依然賣得出去。沒有比這更棒的事了。

然而真實的現狀卻是：相較於經營自有媒體的企業數量，真正靠自有媒體嚐到成功滋味的企業並不多。

這是為什麼呢？其中一個原因就是，企業對自有媒體抱持誤解，以為「只要寫寫文章，消費者就會透過搜尋造訪網站」。

很遺憾，就算文章寫得再多，如果這些文章對消費者並無真正的幫助，結果只是徒勞無功罷了。

part4
你在找什麼呢？──搜尋引擎與SEO

這個媒體真的有存在意義嗎？ >

舉例來說，請你使用想找的關鍵字實際搜尋看看。請問出現了什麼樣的搜尋結果呢？

目前搜尋引擎的問題之一，就是網路上充斥著品質極差的文章與媒體。

2017年的美國總統大選，促使「假新聞（Fake News）」一詞暴紅而廣為人知。當時有許多網路媒體為了確保流量，發布了不少毫無根據的文章，一些美國境外的人士就靠這類「假新聞」賺得廣告收入。

除此之外，日本也有醫療類策展媒體，因為大量製造、提供不正確的資訊，最後被迫關門大吉。從第三者委員會的報告書來看，不免讓人疑惑：「是不是認真寫文章，網路媒體的商業模式就無法成立了呢？」

搜尋引擎也針對這個問題實施了各種對策。總之無論如何，倘若對消費者來說沒有價值，這樣的文章不寫也罷。**成立媒體之前，你應該要再好好想一想，這個資訊真的對消費者有幫助嗎？**

專業性高的內容與自有媒體

>

如同先前所述，要是內容的專業性不高，搜尋引擎也不會給予多高的評價。

有關內容行銷或自有媒體的資訊當中，經常會看到「字數要超過○○個字」這類建議，請各位將此當作已過時的資訊。

雖然字數反映出專業性的高低，但（目前）光憑字數並不足以左右內容的評價。

自有媒體經常會犯的錯誤就是，僱用外部寫手或是透過群眾外包（Crowdsourcing），大量生產既無害處也無益處的文章。

假如這個網頁已有一定的訪客量，或是利用廣告增加瀏覽次數倒也罷了，但對新成立的媒體而言這類內容幾乎沒有吸引訪客的效果。

從自有媒體的實例當中可發現一個頗有意思的現象：在企業自有媒體案例或客戶感想之類的成果報告網頁上，經常能看到牙科醫院或除毛服務等醫療類網站。

牙醫師利用自有媒體開發客源是很合理的吧？這是因為，牙醫師在牙科方面具有充分的專業性，況且現階段大型醫療網站還不算多。

從客戶感想之類的網頁來看……

□**沒有大型的競爭對手**
□**自己在這個領域具有專業性**
□**有一定的關鍵字搜尋量**

這些是成立自有媒體時應檢查的重點。

若要建立自有媒體，建議別採「流動型（內容不斷流動）」，要採「儲存型（內容不斷累積）」，以成為包羅萬象的媒體為目標。

成功的流動型媒體當然也不少，但是經營這種媒體需要相當多的人力資源。

如果可以的話，最好是製作能讓訪客一再造訪的儲存型網頁，努力打造可作為長期資產的媒體，這是比較合理的做法。

經營自有媒體時，請把重點放在跳出率與停留時間上，而非短期的造訪次數。

另外，並不是每個自有媒體都能做出成果，請在明白這項事實後謹慎地做出決策，這點很重要。

在時時連繫的時代下

── 社群媒體與行動革命

時時連繫的時代
—— 社群媒體帶來的改變

從十年前的觀點來看,我們正生活在令人不敢置信的時代。我們可以透過電腦、智慧型手機、平板電腦,無時無刻連繫世界各地的人們。本節就來看看,這個時代有什麼改變吧!

社群媒體的誕生 >

　　智慧型手機的普及,掀起了「無時無刻連繫在一起」的革命,與此同時社群媒體也迅速遍地開花。

　　社群媒體普及後,「擴散」一詞便流傳開來,這個概念與過去的資訊傳播方式截然不同。

　　於是,現在比以前更加重視周遭人的口碑與共鳴。

　　近年來,企業的廣告或行銷溝通,在意想不到的情況下遭到消費者批評,最後不得不道歉的案例變多了。這也反映出,企業的訊息未必都能正確無誤地傳遞給消費者。

　　事實上,美國企業的行銷預算平均有11％是花在社群媒體上,但44％的企業表示感覺不到效果[5-1]。

　　若想操控消費者的「共鳴」與「口碑」,就需要有別於傳統行銷廣告的技能,企業因而面臨堆積如山的課題。

　　不過,也有企業利用社群媒體宣傳,成功獲得豐碩的成果。化妝品品

5-1：Christine Moorman,"Capitalizing On Social Media Investments",The CMO Survey,2017.
https：//cmosurvey.org/2017/08/capitalizing-social-media-investments/

牌多芬（Dove）就是其中之一。

多芬於2013年公開的宣傳短片「Real Beauty Sketch」，即著眼於多數女性質疑或低估自身魅力的問題（圖5-1）。

圖5-1　YouTube「Real Beauty Sketch」

這部長度僅3分鐘的短片，是請幾名女性拿自己的自畫像，與陌生人為她們畫的畫像做比較，目的是要傳達「妳比自己所想的還要美麗」這個訊息。

影片上傳後短短一個月內，社群媒體上的分享就高達380萬次[5-2]，多

5-2：BRITTANY BOUNDS,"THE RIGHT RESPONSE:THE REACTION OF THE SILENT MAJORITY TO THE SOCIAL MOVEMENTS OF THE SIXTIES", Submitted to the Office of Graduate and Professional Studies of Texas A&M University in partial fulfillment of the requirements for the degree of DOCTOR OF PHILOSOPHY,2015.
https://oaktrust.library.tamu.edu/bitstream/handle/1969.1/155756/BOUNDS-DISSERTATION-2015.pdf?sequence=1&isAllowed=y

芬的YouTube頻道也獲得1萬5000名新的訂閱者，影片更在YouTube上獲得高達16萬個好評。

最後，這部宣傳短片在2013年的坎城國際創意節（Cannes Lions）上，贏得最大獎鈦獅獎。

即便是短短3分鐘的影片，只要能引發消費者的共鳴，就可以觸及世界各地許許多多的人。

多芬的行銷，是一個展現社群媒體宣傳可能性的好例子。

社群媒體與使用者屬性　　　　　>

圖5-2是2017年日本總務省提出的調查報告中[5-3]，各年齡層及性別的SNS（社交網路服務）使用率。

無論是哪一項服務，20歲及30歲年齡層的使用率大致上都很高。換言之，年齡層越低，對社群媒體的接受度越高，在這類服務上所花的時間也越長。

若想觸及年輕人，不只要利用傳統的數位廣告，也得運用社交網路服務、社群廣告、影響者行銷等等，相信各位應該都明白這點了吧？

5-3：總務省「平成29年度情報通信白書」2017年。
　　　http://www.soumu.go.jp/johotsusintokei/whitepaper/ja/h29/pdf/index.html

圖5-2　各年齡層與性別的SNS使用率

Facebook		10〜19歲	20〜29歲	30〜39歲	40〜49歲
	女性	21%	60%	57%	33%
	男性	17%	51%	46%	37%

Twitter		10〜19歲	20〜29歲	30〜39歲	40〜49歲
	女性	69%	67%	30%	20%
	男性	54%	53%	30%	21%

Instagram		10〜19歲	20〜29歲	30〜39歲	40〜49歲
	女性	41%	57%	43%	21%
	男性	21%	31%	18%	11%

LINE		10〜19歲	20〜29歲	30〜39歲	40〜49歲
	女性	88%	98%	95%	80%
	男性	71%	95%	86%	67%

YouTube		10〜19歲	20〜29歲	30〜39歲	40〜49歲
	女性	87%	93%	86%	77%
	男性	82%	91%	90%	78%

part **5**

在時時連繫的時代——社群媒體與行動革命

影響者行銷

近年來迅速滲透各個領域的影響者行銷，究竟是什麼樣的廣告手法呢？

何謂影響者？　　　　　　　　　　　　　　　　　　　>

　　影響者行銷（Influencer Marketing）是指，與YouTube、Instagram、SnapChat、Twitter等平臺上具有極大影響力的意見領袖合作的行銷宣傳手法。相較於由電視之類的媒體製造出來的藝人或名人，影響者是更為貼近觀眾、聽眾的人物。

　　舉例來說，日本知名YouTuber「HIKAKIN」，是靠著開箱影片（以各種方式實際使用及介紹商品）來獲得利益的（圖5-3）。

圖5-3　HIKAKIN TV

同樣的方式如果換成女明星或運動選手來做，平臺本身就必須由企業來提供。

換言之，名人對企業品牌形象的建立有影響，至於影響者則對業績的增長有直接貢獻。

影響者即是一人身兼電視臺與藝人這兩種角色，這麼說應該就比較好理解了吧？

根據美國Business Insider的報導[5-4]，丹尼爾・米德頓（Daniel Middleton）是2017年最賺錢的YouTuber，他的收入高達1650萬美元。

另外，KOL（Key Opinion Leader，關鍵意見領袖）也在擁有獨特SNS網絡的中國崛起，這類影響者具有強大的影響力。

近年來，所謂的微影響者（Micro-Influencer），也就是未必具有極大的影響力，但擁有獨家社交網絡的影響者也開始受到注目。

根據影響者行銷公司「Markerly」的調查[5-5]，跟隨者比較少的Instagram使用者，其回覆率、按讚率、互動率反而比較好。

另外，Influence.co（提供影響者行銷服務的軟體公司）調查2885名對象後發現[5-6]，擁有1萬名至2萬5000名跟隨者的影響者，一篇文章平均價碼為133美元。

反觀跟隨者超過100萬人的影響者，一篇文章的價碼則高達1405美元。

5-4：John Lynch,"MEET THE YOUTUBE MILLIONAIRES: These are the 10 highest-paid YouTube stars of 2017",Business Insider,2017.
　　　http：//www.businessinsider.com/highest-paid-youtube-stars-2017-12
5-5：Markerly,"Instagram Marketing: Does Influencer Size Matter?"
　　　http://markerly.com/blog/instagram-marketing-does-influencer-size-matter/
5-6：INDUSTRY NEWS,INSIGHTS,"Instagram Influencer Rates",INFLUENCE.CO Perspective,2018.
　　　http://blog.influence.co/instagram-influencer-rates/

若希望行銷能收到成效，就必須仔細思考「要委託哪個規模的影響者」，這點非常重要。

一般認為，影響者行銷崛起的主要因素有二。第一個因素是：電視的衰退。自從行銷的主戰場，從大家都會看的電視頻道轉移到智慧型手機後，企業無法再單靠電視獲得顧客的認知。

另一個因素是：消費者躲避廣告。隨著廣告攔截器的普及，「非廣告」的內容更加受到消費者青睞。

這可說是全球性的現象吧。

影響者行銷的效果如何？ >

關於影響者行銷的效果，目前有幾項調查結果可以參考。

舉例來說，Tomoson（提供影響者行銷服務的軟體公司）的調查指出[5-7]，影響者行銷的投資報酬率是650%，遠高於其他的行銷支出。

另外，影響者行銷的市場也急速擴大，根據Mediakix（提供影響者行銷服務的廣告代理商）的調查[5-8]，全球市場規模預估達到50億～100億美元。

影響者行銷造成的影響未必都能化為數值，包括這點在內，其實這可算是近似電視廣告的廣告手法。

因此，分析「影響力是否與實際的業績有關」是很重要的。

5-7：Tomoson Blog,"Influencer Marketing Study".
  https://blog.tomoson.com/influencer-marketing-study/
5-8：Mediakix,"THE INFLUENCER MARKETING INDUSTRY GLOBAL AD SPEND: A $5-$10 BILLION MARKET BY 2020 [CHART]",2018.
  http://mediakix.com/2018/03/influencer-marketing-industry-ad-spend-chart/#gs.iPFhZ=E

Twitter、Facebook、Instagram、LINE
—— 社交網路服務的運用

該如何運用Twitter與Facebook等社交網路服務呢？本節就來說明每個社交網路服務的特性以及運用方法。

KPI的設定 >

絕大多數的企業在運用社交網路服務時，並未設定適當的KPI（關鍵績效指標）。

日經BP社提出的社交網路服務相關報告書[5-9]，同樣提及「只有一部分的企業會針對社群媒體的成效，設定與業績或利潤等最終收益有直接關係的指標」。

問題是，很多時候社群媒體並不會直接帶來業績或安裝數等收穫。

建議先與內部取得共識，決定KPI要設為互動率（以跟隨、按讚等項目計算出來的數值）、跟隨者人數還是PV（網頁瀏覽次數）。

運用社交網路服務時，並不是只要經營自家公司的帳號就好。如何促進使用者擴散也很重要。

除此之外，不光是使用者搜尋的指名關鍵字，當然還要觀察自家的商品名稱等關鍵字，在社群媒體上的討論熱度。

5-9：日經BP社「平成27年度商取引適正化・製品安全に係る事業（ソーシャルメディア情報の利活用を通じたＢｔｏＣ市場における消費者志向経営の推進に関する調査）報告書」2016年。
http://www.meti.go.jp/policy/economy/consumer/consumer/pdf/sns_report.pdf

社交網路服務的特性 >

　　社交網路服務的特性，大致可分為「重視品牌建構或溝通」，與「以文章、相片或影片為主」這兩大軸。

　　圖5-4為各個社交網路服務大致的特性。

圖5-4　各個社交網路服務的特性

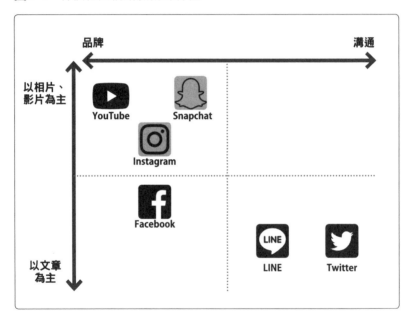

　　接著再依據特性，劃分社交網路服務的運用類型。這裡同樣可分為兩大軸。其一是自行策劃及發布資訊，或是重視與使用者或顧客的溝通這兩大類型。

　　其二則是，以各式各樣廣泛的使用者或顧客為對象，或是以特定使用者或顧客為對象（圖5-5）。

圖5-5　運用類型

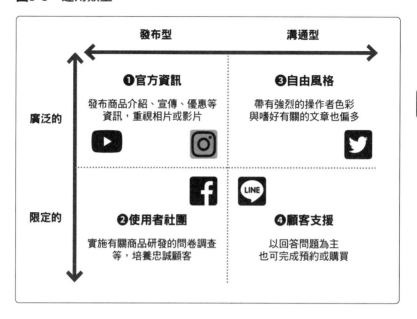

積極透過影片等方式宣傳品牌的企業，通常除了Instagram之外，也會以同樣的方式運用Twitter或Facebook。

　　運用類型越偏向溝通，操作者越需要能自由發文的權力，因此企業必須授予操作者更大的權限，這是運用的大原則。舉例來說，假如要回信給一個人還得經過上司許可，這種公司就只能按照內部計畫發布訊息吧。不過，若增加操作者與使用者之間的溝通，失言的風險也會變高。

　　那麼，我們一起來看看各個運用類型的實例吧！

星巴克（Starbucks）是以維持品牌形象為先決條件，運用社交網路服務的企業之一（圖5-6）。

圖5-6　星巴克的發文

星巴克的特徵是，新商品資訊大多會在網路上擴散，消費者也常把相片上傳到網路上。據說新商品若在Twitter之類的地方掀起話題，首日業績通常會超出預期增加2～3倍[5-10]。

帳號本身幾乎看不到操作者的個人訊息，發文內容以商品為主。此外，操作者也不積極回覆或回應Twitter上的留言及跟隨者的訊息。

不過，刊登的相片與影片水準很高，既不破壞星巴克的品牌形象，又

5-10：経済産業省「ソーシャルメディア活用 ベストプラクティス」2016年。
http://www.meti.go.jp/policy/economy/consumer/consumer/pdf/sns_best_practice.pdf

成功保有與顧客的接觸點。

　　其影響力與品牌力在Instagram上最為顯著，在2017年日經數位行銷的調查中[5-11]，星巴克更於「購買因素以Instagram上的發文居多的企業」項目名列第一。

如同這個例子，假如企業很重視品牌形象，也可採取「操作者完全退居幕後，刻意以高水準的相片與影片等內容為賣點」這種策略。

❷使用者社團型 ── 良品計畫 >

　　眾所周知，良品計畫（無印良品）是2017年最善於運用社群媒體的企業。在前述日經數位行銷的調查中，無印良品被選為最能有效運用數位媒體創造業績的企業。

　　良品計畫運用社群媒體的方式，最大特徵就是：打從黎明期開始就接受顧客的回饋，並運用在商品開發上。根據日本經濟產業省的資料[5-12]，發表在該公司使用者社群「IDEA PARK」上的意見一年高達8000筆，據說這些意見工作人員全都會過目（圖5-7）。包括現有商品的改良在內，良品計畫每年都會推出將近100件商品。

5-11：小林直樹、中村勇介、降旗淳平「1位は無印良品、デジタルメディアの効果的な活用が売り上げに直結【特集】デジタルマーケティング100（1）」日経ビジネスオンライン、2017年。
　　　https://business.nikkeibp.co.jp/atcldmg/15/132287/062000341/
5-12：経済産業省「ソーシャルメディア活用 ベストプラクティス」2016年。
　　　http://www.meti.go.jp/policy/economy/consumer/consumer/pdf/sns_best_practice.pdf

圖5-7 IDEA PARK

社群媒體不見得一定會對業績有直接貢獻。

接受現有顧客熱心的回饋、跟顧客一起創造商品，是企業可透過社群媒體做到的事情之一。

如果能像良品計畫那樣運用，而非只重視業績、跟隨者人數、流量等項目，就能擴大社群媒體的可能性。

❸自由風格型 ── 塔尼達 〉

自由風格型的運用方式，主要適用於Twitter。Twitter可透過「轉推」和「引用推文」來擴散，此外就算內容以文章為主一樣能擴散出去，因此未必需要使用製作得很正式、很好看的素材。

塔尼達（TANITA）公司運用社交網路服務已有很長一段時間，該公司主管曾在2013年的訪談中表示，「普通的推文與商品相關推文的比例為9比1」[5-13]。

5-13：加納惠（編集部）「廃れない、埋もれないSNSアカウントを目指すタニタ-- 『大切なのは突き抜けること』」CNET Japan、2013年。
https://japan.cnet.com/article/35036423/

該公司帳號展現出相當強烈的操作者色彩。推文幾乎都跟嗜好有關，操作者本身也有不少粉絲。另外，塔尼達與其他企業官方帳號之間的交流也很熱絡，甚至還因此推出漫畫《夏普先生與塔尼達小弟@》（Libre出版，中文版由臺灣角川代理）（圖5-8）。

圖5-8　不知為何跟夏普一起成為漫畫主角

這種類型的運用方式，是好是壞全看操作者的能力。**找出能受到喜愛且具有影響力的操作者可說是關鍵吧。**

另外，要採取這種運用方式就必須授權給社群媒體的操作者，因此遭到網友「炮轟撻伐」的風險也不低。

例如擁有45萬名跟隨者的夏普官方帳號，就曾因為失言而遭到網友炮轟撻伐[5-14]。

5-14：夏普小編曾於2017年在Twitter上批評任天堂的產品，最後公司決定暫時停用此帳號。

日本達美樂披薩（Domino's Pizza），在2015年啟用可透過LINE訂餐的系統（圖5-9）。

圖5-9　透過LINE訂餐

該公司透過LINE發送優惠券，消費者收到後可直接訂餐，無須關閉應用程式。換言之，從宣傳到銷售全都能在一個平臺上進行。

讓消費者在平常使用的平臺上完成交易，能夠帶給消費者優質的使用者經驗。自2015年開放這項服務後，短短4個月內LINE帶來的業績就超過1億日圓[5-15]，引發不小的回響。

5-15：降旗 淳平、小林 直樹、中村 勇介「1位はドミノ・ピザ、LINEの新たな活用施策を見いだした企業が躍進」日経デジタルマーケティング、2016年。
http://business.nikkeibp.co.jp/atcldmg/15/132287/021900112/

社交網路服務並非只能用來擴散資訊或招攬顧客，達美樂披薩可說是體現了這一點的好例子吧。

尤其是LINE（LINE@）這項服務已成了基礎設施，運用方式也越來越多元多樣。

現已邁入用SNS取代Google進行搜尋的時代嗎？

現在有越來越多的使用者（以年輕人為主）不用Google，而是在Twitter或Instagram上搜尋。

提供社群媒體行銷服務的LIDDELL公司，在2016年針對100名年輕人進行一項調查[5-16]，其中「平常使用的搜尋引擎是？」這個問題得到了以下的結果。

☐第1名「Google」（33%）
☐第2名「Twitter」（31%）
☐第3名「Instagram」（24%）
☐第4名「Yahoo!」（12%）

另外，日本調查公司「Macromill」的調查報告[5-17]指出，頻繁使用Instagram搜尋功能的女性比率，10～19歲為13%，20～29歲則為12%，看得出來有不少人使用搜尋功能。

5-16：ECzine編集部「Yahoo!、Google検索はもう古い？　若者はツイッターやインスタグラムでなにを検索しているのか」ECzine、2016年。
https://eczine.jp/news/detail/2779
5-17：ジャスミン「2016年夏、Instagramの今（SNS利用状況調査より）」市場調査メディア ホノテ、2016年。
https://honote.macromill.com/report/20160726/

尤其在時尚、飲食、旅行等方面，由於相片給人的印象較深刻，此外也能得知顧客實際使用、造訪的情形，因此不少人認為Instagram比Google更容易判斷商品或服務的好壞。

　　搜尋管道越來越多元多樣，若不善加運用社群媒體，企業有可能面臨不小的風險。

　　尤其，企業若想吸引年輕人，或是重視品牌形象，又或者想即時提供服務，更是不能缺少SNS的力量吧？

YouTube與影片行銷

截至2017年為止，影片在網路總流量中占了74%[5-18]，63%的使用者每天至少看1次影片[5-19]。我們該如何運用影片，才能收到最大的成效呢？

影片廣告 ≠ YouTube

說起影片，相信大家頭一個想到的應該是YouTube。

不過，近年來Facebook、Twitter、Instagram、Snapchat等各種平臺都能播放影片，就連一般的展示型廣告也有人使用影片素材。

影片廣告之所以變多，是因為行動通訊的速度，隨著4G LTE的普及而大幅提升。既然民眾可用智慧型手機觀賞影片，廣告素材當然也必須製作得更加豐富才行。

Live vs 短片 ——「直播」的好處

最近幾年，影片方面掀起了兩大潮流。其中之一是直播的普及，另一個則是短片的流行。

關於直播的普及，原本只有Ustream之類一部分的平臺才有提供這項服務，自從YouTube新增了「直播（Live）」服務後，Facebook與Twitter也都能直接進行直播。事實上，有超過89%的使用者，每週會在

5-18："Internet Trends Report",Kleiner Perkins,2017.
　　　https://www.kleinerperkins.com/perspectives/internet-trends-report-2017
5-19：Megan O'Nelll,"The State of Social Video 2017：MAKRETING IN A VIDEO-FIRST WORLD [Infograpic]",ANIMOTO blog, 2017.
　　　https://animoto.com/blog/business/state-of-social-video-marketing-infographic/

Facebook或Twitter等社群媒體上觀看數次影片[5-20]。

另外，現在任何人都能輕鬆使用智慧型手機進行直播了。根據Cisco在2016年所做的調查[5-21]，直播影片的流量預計到了2021年將達到影片總流量的13%。

另一股潮流是短片的普及。不光是YouTube，Vine（被Twitter公司收購，現已關閉）、Instagram（限時動態功能）、Twitter（影片上傳功能）等服務也都可以上傳短片，這使得30秒左右的影片如雨後春筍般大量湧現。

另一個原因則是，現代資訊量暴增，要讓使用者從頭到尾看完整段長片並不容易。

無論如何，目前一般認為，「影片行銷」這個獨立的手法已不存在，此外影片是製作廣告素材不可或缺的手法。

由於平臺產生了這樣的變化，製作影片的難度也隨之降低。以前製作影片需要相當多的器材，反觀現在，如果是直播或短片，就不需要花太多力氣編輯後製。

就算沒準備精心製作的素材，依舊能夠發布貼近消費者的影片。

影片廣告 vs 圖像廣告 >

關於影片廣告與圖像廣告的差異，目前有幾項調查結果可供參考。根據Millennial Media（遭AOL收購的廣告平臺商）在2015年發表的調查報

5-20：Megan O'Nelll,"The State of Social Video 2017：MARKETING IN A VIDEO-FIRST WORLD[infographic]",ANIMOTO blog,2017.
https://animoto.com/blog/business/state-of-social-video-marketing-infographic/
5-21：Cisco,"Cisco Visual Networking Index: Forecast and Methodology, 2016–2021",Cisco public,2017.
https://www.cisco.com/c/en/us/solutions/collateral/service-provider/visual-networking-index-vni/complete-white-paper-c11-481360.pdf

告[5-22]，行動版影片廣告的互動率是圖像廣告的5倍。

若使用Google的Display Benchmarks工具[5-23]來觀察（2018年當時），可以發現日本的圖像廣告點擊率只有0.1%，反觀影片廣告的點擊率則是0.51%，為前者的5倍以上。

基本上，我們應該可以認定，影片比圖像更能引人注意、引人注目。

影片的長度與尺寸

從Google的調查報告[5-24]來看，讓人想起品牌，未必就能提升品牌的好感度。

這項調查準備了15秒、30秒與60秒這三種長度的影片，15秒的影片很早就顯示品牌名稱，因此最能讓消費者想起品牌。反觀秒數較長的影片，雖然成功提升品牌的好感度，但消費者要是選擇跳過，就會不曉得這是什麼廣告，因此想起品牌的比率較低。

如果提供複雜但更精彩的故事，確實可以提升品牌的好感度，然而消費者卻不容易想起品牌。另外，我們可從這項調查得知，三者當中VTR（View Through Rate，完整看完影片的比率）最高的是30秒的影片。

除此之外，以串流內廣告（In-stream Ads）的尺寸來說，橫長形影片似乎較能讓消費者完整看完（圖5-10）。這個現象用Part 3介紹的人類視線移動方式來解釋就不難理解了。

5-22：Ginny Marvin,"Report: Mobile Video Ads 5X More Engaging Than Standard Banners",Marketing Land SECTIONS,2015.
https://marketingland.com/report-mobile-video-ads-5x-more-engaging-than-standard-banners-123898

5-23：Display Benchmarks,Google Rich Media Gallery.
https://www.richmediagallery.com/learn/benchmarks

5-24：Ben Jones,"In Video Advertising, Is Longer Stronger?",think with Google,2016.
https://www.thinkwithgoogle.com/consumer-insights/unskippable-video-advertising-ad-recall-brand-favorability/

圖5-10 各尺寸的影片播放完成率[5-25]

影片尺寸	影片完整播完的比率（%）
160×600	35.51%
300×250	41.38%
300×600	40.58%
728×90	45.93%
970×250	57.5%
970×90	50%

5-25："Display Benchmark",think with Google,2018.
https://www.thinkwithgoogle.com/tools/display-benchmarks/

全球最厲害的廣告工具

──關鍵字廣告

何謂關鍵字廣告（搜尋廣告）？

接下來要解說的是廣告。本節先為大家介紹關鍵字廣告（搜尋廣告）。這是一種中小企業也能輕鬆運用，而且容易收到成效的廣告手法。運用關鍵字廣告時，應該注意哪些要點呢？

搜尋廣告的誕生 >

Google誕生之後，有好幾年都處於虧損的狀態。他們本來還打算把自己的搜尋引擎，賣給同樣提供搜尋服務的Excite公司，不過最後並沒有成功（後來Excite公司應該非常後悔吧）。

Google能夠賺錢，要歸功於搜尋廣告的誕生。根據美國調查公司「eMarketer」的報告，Google Ads是全球最大的搜尋廣告供應商，光是在美國，2017年一整年的收益估計就有285億美元[6-1]。

在美國的搜尋廣告總收益中，Google Ads的收益就占了77%，是競爭對手微軟Bing的10倍左右，勢力大到幾乎可以說是稱霸整個市場吧（實際上，Google曾被控違反「反托拉斯法」而差點挨罰）。

像Google或是Yahoo!這類網站，不只提供免費的隨機搜尋（自然搜尋）服務，還設置了需付費的廣告版位。

付費廣告版位會配合消費者搜尋的內容顯示廣告，因此對消費者而言頗為實用。此外，這種廣告可接觸到接近潛在顧客的消費者，因此對企業而言是相當厲害的工具。

6-1：Ginny Marvin,"Report: Google earns 78% of $36.7B US search ad revenues, soon to be 80%",Search Engine Land,2017.
https://searchengineland.com/google-search-ad-revenues-271188

關鍵字廣告是配合消費者的搜尋行為顯示廣告，所以也有消費者沒發現這是廣告就點了下去。以購物廣告為例，乍看之下像不像自然出現的搜尋結果呢（圖6-1）？

　　這種「配合使用者需求顯示廣告」的手法，可說是讓關鍵字廣告從眾多廣告中脫穎而出的一大因素吧。

圖6-1　搜尋引擎的廣告版位

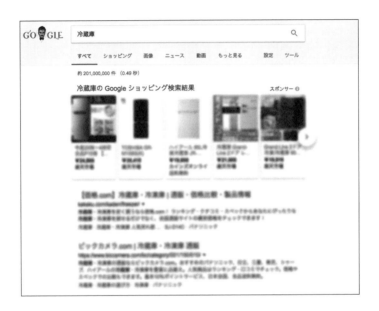

　　這個廣告型態對Google來說也很有利。由於是透過競價方式來決定要刊登的廣告，需求高的廣告單次點擊出價自然也高，因此成了比普通的橫幅更「賺錢」的廣告商品。

　　只要用Part 2介紹的關鍵字規劃工具調查，就能得知預估的單次點擊出價金額。圖6-2為主要的高價關鍵字。

圖6-2　主要的高價關鍵字（2017年關鍵字規劃工具的調查結果）

關鍵字	預估的單月搜尋量	預估的單次點擊出價金額
轉職	10萬－100萬	¥1,199
信用卡 貸款	1萬－10萬	¥4,468
不動產 投資	1萬－10萬	¥1,279
除毛	1萬－10萬	¥1,700

　　商品單價如果很高，單次點擊出價金額也會偏高，不過這種情況只占一小部分，大部分的關鍵字金額落在50～200日圓左右。

跟業界平均比較看看 ＞

　　產業或商品不同，點擊率或轉換率自然也不一樣。

　　因此，無法一概而論平均值或目標值是多少。瞭解競爭對手、分析競爭對手，才是對各位有幫助的方法。

　　圖6-3為美國的資料，相信各位應該看得出點擊率的差異。

圖6-3　Google Ads的各產業點擊率資料（美國）[6-2]

Industry	平均點擊率 （搜尋）	平均點擊率 （多媒體廣告）
政治	1.72%	0.52%
汽車	2.14%	0.41%
B2B	2.55%	0.22%
消費性服務	2.40%	0.20%
線上約會	3.40%	0.52%
電子商務	1.66%	0.45%
教育	2.20%	0.22%
徵才與轉職	2.13%	0.14%
金融與保險	2.65%	0.33%
健康與醫療	1.79%	0.31%
家具	1.80%	0.37%
製造業	1.40%	0.35%
法律	1.35%	0.45%
不動產	2.03%	0.24%
科技	2.38%	0.84%
旅行	2.18%	0.47%

※此表為本書於日本出版時的數據，參照下方註解6-2的網址獲得最新資訊。

6-2：Mark Irvine,"Google AdWords Benchmarks for YOUR Industry [Updated]",
WordStream,2018.
https://www.wordstream.com/blog/ws/2016/02/29/google-adwords-industry-
benchmarks

part**6**

全球最厲害的廣告工具──關鍵字廣告

為什麼Google Ads會成為搜尋廣告的霸主？ >

　　Google Ads是最早出現在世界上的搜尋廣告嗎？其實，它並不是最早的搜尋廣告。在Google Ads誕生之前，就已經有Overture（現Yahoo! Sponsored Search）這個廣告服務了。

　　既然如此，為什麼Google Ads能成為稱霸全球的搜尋廣告呢？其中一個原因在於競價模式。

　　全美經濟研究所的調查報告[6-3]指出，Overture在1997年當時採用的「First Price Auction（最高價拍賣法）」競價模式大有問題。

　　Overture採用的競價模式，是讓出價最高的廣告主，得以在對應該搜尋關鍵字的版位刊登廣告。

　　不過，這種競價模式有個大問題。假設有位廣告主對某一個關鍵字出價100日圓，競爭對手則出價80日圓。想當然，出價100日圓的廣告主，之後就會試著以更低的金額出價。也就是說，價格總是承受著向下壓力，導致金額不太穩定。

　　反觀Google Ads在2002年採用的「Second Price Auction（第二高價拍賣法，後來Overture也採用了）」，則不是看最高的出價金額，而是採用次高（i＋1）的出價金額。

　　拿前述的例子來說，出價100日圓的廣告主，其支付金額就是80日圓。無論這位廣告主出價100日圓、90日圓還是150日圓，他要支付的金額都一樣是80日圓。研究發現，這個機制不只能令客戶安心，實際上也可增加廣告收益。

6-3：Benjamin Edelman, Michael Ostrovsky, Michael Schwarz,"Internet Advertising and the Generalized Second Price Auction: Selling Billions of Dollars Worth of Keywords", National Bureau of Economic Research,2005.
https://www.nber.org/papers/w11765

另一個很大的因素是採用品質分數。

這是衡量廣告對消費者有無效果的指標，Google Ads將它納為競價要素。

Google Ads便是靠品質分數成功製造誘因，促使廣告主製作對消費者更實用的廣告。

Google Ads（原名：Google AdWords）

Google提供的綜合廣告平臺（包括關鍵字廣告在內）。

可使用的廣告有關鍵字廣告、GDN（Google Display Network，Google多媒體廣告聯播網）、YouTube廣告、Android Play Store廣告等等。

其中搜尋廣告不僅能在Google搜尋上投放，還可透過Google Search Partner（Google搜尋聯播網夥伴），例如Goo、AOL、Excite、Ask等搜尋網站放送廣告。

Yahoo! JAPAN Promotional Ads

Yahoo! JAPAN提供的廣告平臺（包括關鍵字廣告在內）。

由於Yahoo!的搜尋引擎使用了Google的演算法，即使透過Yahoo!刊登廣告，也得支付一定的佣金給Google。

除了搜尋引擎之外，廣告也可在YDN（Yahoo Display Network，Yahoo聯播網）或Twitter等媒體上放送。

SEO與關鍵字廣告的差異❶ ── 可在短時間內控制流量

對於已在研究SEO的讀者來說，運用關鍵字廣告應該沒那麼困難才對。這是因為，各位對於「哪種關鍵字重要？」「應該重視哪種關鍵字？」這幾點已有一定的概念。

SEO與關鍵字廣告的最大差異是什麼呢？那就是：**只要算好收支，關鍵字廣告能在短時間內收到成效**。當你想要增加搜尋流量時，採用SEO的措施不見得一定會有效果，再者要收到成效也得花上一段時間。不過，如果是關鍵字廣告，只要增加費用流量就會隨之提升。

只要合乎單次客戶開發出價（每次轉換成本）或是ROI（投資報酬率），你也可以立刻增加廣告費用，獲得更多的顧客。

SEO與關鍵字廣告的差異❷ ── 可操控廣告文案與到達網頁

SEO與關鍵字廣告的基本概念是相通的。兩者都是先找出有需求的關鍵字，再投放對應此關鍵字的廣告。不過，兩者的最大不同點是，關鍵字廣告能夠更有彈性地引導消費者。以網路花店為例，假設店家想配合母親節「引導消費者造訪特設網頁」。

如果要在搜尋引擎上，利用「母親節 禮物」這組關鍵字，引導消費者造訪特設網頁，就得精心製作內容、安排連結，否則很難成功吧（這就是Part 4所介紹的重要概念「PLP」）。

其實，就算你想引導消費者造訪特設網頁，假如內容不夠充實，也有可能反而促使首頁的搜尋排名上升。我們無法控制搜尋引擎，因此沒辦法有彈性地運用。**反觀關鍵字廣告，要把消費者引導到哪裡，只要點一下滑鼠就能變更。**

> ### 使用搜尋量少的關鍵字
> ### 刊登關鍵字廣告的實例
>
> 以下為大家介紹，Google日本分公司為增加Google Ads的客戶，而向中小企業實施的行銷活動。
>
> 這場行銷活動，是把DM（直郵廣告）裝在上鎖的盒子裡寄給各家企業，請他們搜尋特定關鍵字以取得開鎖的密碼[6-4]。
>
> 不消說，Google使用這個關鍵字投放了廣告，因此企業能夠實際得知關鍵字廣告是如何運作的。
>
> 像這種以鮮少有人搜尋的關鍵字為噱頭，串聯電視廣告或DM的做法，是很常用的行銷手法。

SEO與關鍵字廣告的差異❸ —— 「廣告主＝顧客」

從SEO的角度來看，搜尋引擎與網站有著一樣的目標。因此，製作對消費者更有幫助的網站，亦是得到搜尋引擎肯定的捷徑。為了達成目標，搜尋引擎的技術也是日新月異，持續改進。

不過，若把焦點放在「廣告」上，情況就不一樣了。這也是當然的，畢竟從Yahoo!或Google的角度來看，廣告主（企業）是顧客。要是疏忽大意，就有可能發生花了一堆廣告費卻看不到多少成效的情況。

近年來，應用程式廣告活動之類的廣告，可設定項目變得非常少，調整的重要性越來越低，不過若是一般的搜尋廣告活動，每天的調整與自訂依舊很重要。

6-4：販促会議編集部「『鍵付き』グーグルのDMがグランプリ受賞——第28回全日本DM大賞発表」AdverTimes、2014年。
https://www.advertimes.com/20140227/article148884/

用指名關鍵字投放廣告比較好嗎？

　　是否要特地用公司名稱或服務名稱這類指名關鍵字打廣告，就某個意義來說是「永遠的課題」。

　　不消說，在隨機搜尋結果中，指名關鍵字當然是排在第一位，因此看起來似乎沒必要特地投放廣告，可是競爭對手若要用這個關鍵字打廣告也不違法（只是會引發糾紛，不建議這麼做），所以不少企業會為了預防這種情形而選擇刊登。

　　從Google在2012年公布的調查報告來看，如果排在隨機搜尋結果的第一位，廣告的點擊量會增加66％；如果停止投放廣告，就無法獲得這一半的點擊量[6-5]。另外，美國廣告代理商「3Q Digital」的調查報告指出，相較於不刊登廣告，用指名關鍵字刊登廣告的話，點擊量能上升153％[6-6]。

6-5："New research: Organic search results and their impact on search ads", Google Inside AdWords,2012.
https://adwords.googleblog.com/2012/03/new-research-organic-search-results-and.html
6-6：Frederik Hyldig,"Should You Bid On Your Own Brand Name In Adwords?",3Q Digital,2015.
https://3qdigital.com/google/should-you-bid-on-your-own-brand-name-in-adwords/

關鍵字廣告的基礎

本節要說明關鍵字廣告的基礎。雖然不會談到實際的設定方法與詳細的使用方法，但能幫助各位掌握大致的概念。本書基本上是以Google Ads為前提進行說明，不過最後也會稍微提到Yahoo!的關鍵字廣告。

關鍵字廣告的基礎❶ —— 廣告活動的結構 >

　　第一個重點是：瞭解廣告活動的結構。廣告活動的結構就如圖6-4所示（這只是範例）。

圖6-4　廣告活動的結構

廣告活動	廣告群組	關鍵字	廣告
廣告活動 東京	花 網購	[花 網購]	線上訂花的 最佳選擇！
		＋花＋網購＋推薦	
	花 推薦	[花 推薦]	找到值得推薦 給你的花
		＋花＋禮物＋推薦	
廣告活動 大阪	花 網購	[花 網購]	線上訂花的 最佳選擇！
		＋花＋網購＋推薦	
	花 推薦	[花 推薦]	找到值得推薦 給你的花
		＋花＋禮物＋推薦	

廣告活動

　　廣告活動可按預算、放送地區（例如日本或海外國家、東京都或大阪府等都道府縣）、放送時段、放送裝置（桌上型電腦、

應用程式、智慧型手機等等）調整出價。

廣告群組

廣告群組是將關鍵字之類的目標，與廣告素材組合在一起。

由於關鍵字與廣告素材是透過廣告群組連接起來，這個連接（比對）對品質分數影響頗大。

不少人經常會使用同一個廣告建立數個廣告群組，這麼做其實沒什麼意義。

Hagakure

「Hagakure」是Google推薦的帳戶結構。礙於篇幅，本書沒辦法為大家詳細介紹，請自行上網搜尋瞭解。

（譯註：Hagakure是一種將帳戶結構單純化的概念，例如不過度細分廣告群組、單一廣告群組不設定過多關鍵字、避免數個廣告群組使用同一個關鍵字等等。）

品質分數（QS／Quality Score）

☐預期點閱率
☐廣告關聯性
☐到達網頁體驗

　　品質分數是掌握「廣告品質」的指標，取決於上述3項因素。這3項因素的滿分都是10分，「1到3分」為差勁，「4到6分」為普通，「7到10分」為優秀。

　　預期點閱率衡量的是，在以相似關鍵字刊登的廣告當中，自己的廣告點擊率有多高；廣告關聯性衡量的是，假如以「花 網購」作為關鍵字，廣告內容是否含有「花」與「網購」。

　　至於到達網頁體驗，則是看網頁的載入速度與易讀性。

廣告的刊登順序（Ad Rank，廣告評級）可用以下式子計算。

預期單次點擊出價　×　品質分數

　　換言之，品質分數若為2倍，單次點擊出價就能減半。品質分數就是如此重要。若想提升品質分數，就必須盡量提高關鍵字與廣告的相關性，也要調查競爭對手提高點擊率。

何謂轉換

指註冊為會員、購買商品等，你希望訪客展開的行動。

以前我在Google任職時，曾發生過這樣的情況。

我打電話給某個客戶，對方表示：「沒問題的，因為我們的轉換率非常高嘛。」於是，我也去查看這家網購公司的轉換率，發現該帳戶的轉換率確實很高。

正確來說是太高了。因為，他們的轉換率居然是100%。我趕緊檢查，結果發現原來是轉換追蹤代碼貼到首頁了。

總而言之，轉換很重要。

認識轉換❶　微轉換

要把轉換點設在哪裡，對轉換而言同樣很重要。

以購物網站為例，加入購物車、註冊為會員、實際購買等等，這些都能當作轉換點。

把這些動作設為轉換後，還可以調整重要度（轉換價值）

（例如加入購物車設為500日圓，註冊會員設為1000日圓）。

「微轉換（Micro Conversion）」則是指，訪客在真正達成轉換前會經過的路徑，以及會進行的各種行為。

認識轉換❷　轉換的種類

轉換只是一個統稱，其實Google Ads支援的轉換有很多種類（圖6-5）。

圖6-5　轉換的種類

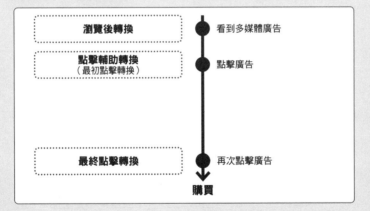

最終點擊轉換

說到「轉換」，大部分的人應該都會想到「最終點擊轉換」吧。這個轉換類型取決於「最後的點擊是否有直接貢獻」。

不過也有調查指出，正因為是常用的指標，最終點擊轉換的

效果未必是最好的。

根據Adobe針對社群媒體所做的調查[6-7]，最初點擊轉換（最初有接觸的點擊）比最後點擊轉換更有效果，轉換價值增加了94%。

雖然這是針對社群媒體所做的調查，未必能夠推論到關鍵字廣告上，但這應該可以當作重要的指標吧？

不過，最終點擊轉換的重要性並未減低。畢竟是直接促成購買的轉換，這項指標今後依然會繼續使用下去吧。

點擊輔助轉換

點擊輔助轉換是指，點擊廣告的訪客在離開之後，又透過其他途徑進行的轉換。

Google Ads也把前述的最初點擊轉換算在這個項目裡。

瀏覽後轉換

瀏覽後轉換是指，訪客瀏覽了多媒體廣告（展示型廣告）後進行的轉換。

儘管訪客瀏覽過廣告了，但這並不代表訪客一定認知到商品。這種情況也有可能是，以將來有機會購買的潛在顧客為對象放送多媒體廣告（我想一定有人會批評，瀏覽後轉換是給廣告成效灌水用的指標）。

6-7：MarkeZine編集部「ソーシャルでは『ラストクリック』よりも『ファーストクリック』アトリビューションを重視すべき【アドビ調査】」MarkeZine、2012年。
https://markezine.jp/article/detail/15413

儘管無法跟最終點擊轉換相提並論，但這個指標還是有一定的重要性吧。

跨裝置轉換

跨裝置轉換是指，訪客用智慧型手機搜尋並點擊廣告後，又改用電腦等其他裝置進行轉換。

例如，有些消費者不喜歡用智慧型手機在購物網站上完成結帳程序，跨裝置轉換就是為了掌握這類轉換而存在的。

關鍵字廣告的基礎❸ —— 認識比對類型 　＞

每個關鍵字都有「比對類型」。比對類型是決定你設定某個關鍵字時，什麼樣的搜尋查詢會觸發你的廣告（圖6-6、圖6-7）。

圖6-6　比對類型的概念

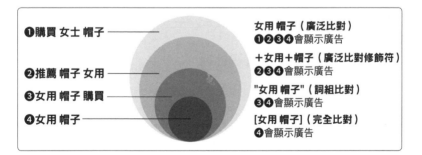

❶購買 女士 帽子	女用 帽子（廣泛比對） ❶❷❸❹會顯示廣告
❷推薦 帽子 女用	＋女用＋帽子（廣泛比對修飾符） ❷❸❹會顯示廣告
❸女用 帽子 購買	"女用 帽子"（詞組比對） ❸❹會顯示廣告
❹女用 帽子	[女用 帽子]（完全比對） ❹會顯示廣告

圖6-7　比對類型一覽

	標示方式	搜尋字詞範例
廣泛比對	女用 帽子	購買 女士 帽子
廣泛比對修飾符	＋女用 ＋帽子	帽子 女用 推薦
詞組比對	"女用 帽子"	女用 帽子 購買
完全比對	[女用 帽子]	女用 帽子
		帽子 女用

廣泛比對

　　廣泛比對是範圍最廣的比對類型。最大的特徵是，跟關鍵字近似的字詞也包含在內。

　　拿上面的例子來說，「女用」與「女士」就是近似的用語。由於各式各樣的關鍵字都包括在內，有時也會比對到意料之外的字詞。

廣泛比對修飾符／詞組比對

　　所謂的廣泛比對修飾符，簡單來說就是「不包含近似用語的廣泛比對」。搜尋關鍵字的前後可以搭配其他的關鍵字（例如「推薦」、「超便宜」或「地名」）。

　　詞組比對則是「指定順序的廣泛比對修飾符」。在英語圈，有些字詞一旦改變順序意思就不一樣了，不過在日本基本上多用單詞來搜尋，因此詞組比對較不實用。

Yahoo!沒有廣泛比對修飾符，而是以詞組比對為主。

完全比對

完全比對就如同字面上的意思，當搜尋查詢跟你的關鍵字完全一致時就會顯示廣告。

順帶一提，像「女用 帽子」與「帽子 女用」，這種語序不同的情況也包括在內。

關鍵字廣告的基礎❹ —— 去除無用的東西

如同前述，關鍵字分為「廣泛但籠統」，以及「詳細但麻煩」這兩種類型。

全都要設定為完全比對的話，得花上龐大的時間。展示型廣告之類的廣告也是一樣，我們沒那麼多時間一一輸入網址。

因此需要先把範圍設定得廣泛一點，之後再排除無用的關鍵字。

運用Google Ads或Yahoo! JAPAN Promotional Ads時，這項「排除」作業十分重要。進行這項作業時一定要仔細謹慎，要不然浪費掉的錢會越來越多。

不只要排除無用的關鍵字與網址，像時段、星期幾（平日／假日）、地區等等，也會在運用過程中發現某些部分沒什麼成效。當你花了一定的金額後，就必須檢視這些部分。

最近幾年，Google也改變方針朝自動化的方向發展，例如導入UAC（通用應用程式廣告活動），讓應用程式的廣告不再需要靠人操作。

像調整出價這類對人來說太過複雜的作業，確實也朝自動化的方向轉變。如果廣告操作者具有充足的經驗就應該自己來，不過若想削減工時，倒也可以考慮運用自動化。

圖6-8　Google Ads的自動化一覽

	說明	Yahoo!
盡量爭取點擊	在預算範圍內盡量爭取最多點擊	○
目標搜尋網頁位置	在預算範圍內盡量讓廣告顯示在頂端或第一頁	○
目標排名勝出率	調整出價盡量讓廣告顯示次數比競爭對手還多	×
目標單次客戶開發出價	調整目標單次客戶開發出價	×
目標廣告投資報酬率	盡量爭取最大ROAS（廣告投資報酬率）	×
盡量爭取轉換	在預算範圍內盡量爭取最多轉換	○

單次客戶開發出價
（Cost per Acquisition，或稱為每次轉換成本）

這個指標是檢視「花了多少錢的廣告費獲得1次轉換」。能夠花在廣告上的金額，取決於1次轉換的價值。

這是相當方便的指標，因此也有人只看單次客戶開發出價與消費金額。

ROI／Return of Investment（投資報酬率）

這是檢視「投資後可產生多少利益」的指標，計算公式為「利潤÷投資成本」。在廣告方面，同樣會使用ROAS（Return On Advertising Spend，廣告投資報酬率）這項指標來評估投資的成效。

Google Ads與Yahoo! JAPAN Promotional Ads的差異

最後來說明Google Ads與Yahoo! JAPAN Promotional Ads的差異。

Yahoo!雖然採用了Google的搜尋引擎，不過廣告平臺是分開的。

另外，Google Ads參考了Overture（Yahoo! JAPAN Promotional Ads的前身），因此兩者的基本機制並無太大的差別。

從尼爾森於2017年提出的調查結果[6-8]來看，在智慧型手機上，Google的使用人數與Yahoo! Japan的使用人數幾乎不相上下，但在電腦上是Yahoo! Japan高於Google。

關於兩者的搜尋量，雖然手邊沒有正確的數據，不過就我見過各種客戶帳戶的印象來說，電腦上的搜尋量兩者是差不多的，至於智慧型手機上的搜尋量則是Google比較多。

整體來看Google大約占了6～7成吧。

6-8：「TOPS OF 2017: DIGITAL IN JAPAN 〜ニールセン2017年 日本のインターネットサービス利用者数ランキングを発表〜」nielsen、2017年。
http://www.netratings.co.jp/news_release/2017/12/Newsrelease20171219.html

在日本，由於多數使用者都會使用這兩種服務，如果要刊登關鍵字廣告的話，通常都會同時使用Google Ads與Yahoo! JAPAN Promotional Ads。

不過，別忘了還有操作的工時。很遺憾，Yahoo! JAPAN Promotional Ads的操作介面，使用起來不如Google Ads方便好用，初期設定得花很長的時間。

因此，如果預算不多，建議先從Google Ads開始嘗試。

溫故知新

—— 展示型廣告與社群廣告

橫幅廣告的歷史

橫幅廣告歷史悠久，而且應該是消費者非常熟悉的廣告吧。不過，這卻也是令消費者遠而避之的廣告。本節就來談談，企業該怎麼運用這個麻煩的廣告手法。

橫幅廣告／展示型廣告的誕生 >

　　請問，你是否曾在操作智慧型手機時，被礙事的橫幅廣告惹得一肚子火呢？我想，答案多半是Yes吧。

　　橫幅廣告難以說是討消費者喜歡的廣告。從美國行銷調查公司「Smart Insights」提供的數據來看，橫幅廣告的**點擊率，平均只有0.05%而已**[7-1]。

　　由於橫幅廣告實在太難纏了，導致越來越多的人使用廣告攔截器。根據PageFair（提供防止廣告被封鎖服務的公司）的調查[7-2]，有高達30%的使用者會使用廣告攔截器。

　　我們稍微把時代往前推一點，圖7-1是1994年刊登的橫幅廣告。看到這個廣告的人當中，竟然有44%的人真的點了它，以現在的觀點來看實在令人難以置信[7-3]。

7-1：Dave Chaffey,"Average display advertising clickthrough rates",Smart Insights,2018.
https://www.smartinsights.com/internet-advertising/internet-advertising-analytics/display-advertising-clickthrough-rates/
7-2：Matthew Cortland,"2017 Adblock Report",Pagefair,2017.
https://pagefair.com/blog/2017/adblockreport/

圖7-1 最早的橫幅廣告

　　這是AT&T刊登在hotwired.com（現在的WIRED）上的廣告，也是「世界上最早的橫幅廣告」。

　　從此以後，橫幅廣告便以驚人的速度席捲網路世界。然而現在，消費者卻對橫幅廣告感到厭煩，尤其在智慧型手機上，更是變質為越來越令消費者困擾的討厭鬼。

part7

溫故知新──展示型廣告與社群廣告

老是誤觸手機廣告？

　　跟手機廣告相比，電腦上的展示型廣告或許可以說守規矩多了。由於廣告商在「如何讓消費者不小心點到智慧型手機上的廣告」這件事上投入熱情，導致誤觸廣告的情況越來越常見。

　　有調查發現，智慧型手機上的點擊，有60％是消費者意外點到的[7-4]。

7-3：ADRIENNE LAFRANCE,"The First-Ever Banner Ad on the Web",The Atlantic, 2017.
https://www.theatlantic.com/technology/archive/2017/04/the-first-ever-banner-ad-on-the-web/523728/

7-4："60% of All Mobile Banner Ad Clicks Are Accidental",EContent,2016.
http://www.econtentmag.com/Articles/News/News-Item/60-percent-of-All-Mobile-Banner-Ad-Clicks-Are-Accidental-108919.htm

廣告詐騙與數據的重要性

另一股當今的潮流則是「廣告詐騙（Ad Fraud）」現象。這種現象是指，雖然有「廣告已顯示」、「已被點擊」的紀錄，但實際上觀看廣告的只有bot（漫遊器）而已。

美國科技企業「pixalate」的調查報告[7-5]指出，2017年第一季（1月～4月），「日本的桌上型電腦流量與行動裝置流量，分別有81％與10％左右來自bot」，「約10％的曝光次數與20％的影片觀看次數來自bot」。此外根據試算，整個廣告業的損失高達數千億日圓。

這也是展示型廣告遭到質疑的原因之一。

在這樣的情況下，我們該怎麼運用展示型廣告才好呢？

7-5：“Ad Fraud Benchmarks Report — Q1 2017”,pixalate.
　　 http://info.pixalate.com/ad-fraud-benchmarks-q1-2017

挑選媒體

若要運用展示型廣告，挑選媒體可是件至關重要的事。本節就帶大家一起看看，目前有哪些種類的媒體可以選擇吧！

Yahoo!與一般廣告 　　>

1994年，一個改變網路歷史的網站，在史丹佛大學一隅悄悄啟用。網路世界裡的巨大入口網站——Yahoo!，就在這一刻誕生。

Yahoo!

Yahoo!是入口網站的始祖，由楊致遠（Jerry Yang）與大衛・費羅（David Filo）所創立。旗下擁有各種事業，單月不重複訪客約有1億人（2016年）。

在正值網路黎明期的1990年代，Yahoo!誠然就是網際網路的「入口（Portal）」。當時搜尋引擎不像現在這樣發達，如果想造訪某個網站，只能經由Yahoo!前往目的地。

因此，各個網站無不爭先恐後想要登上Yahoo!的目錄。

不過，只有對使用者有價值的網站，才能刊登在Yahoo!的目錄上。於是，所有的網站都開始尋求使用者價值（或是尋求有可能討Yahoo!員工喜歡的內容）。

在網路黎明期，這可說是最早的價值創造型行銷案例。現代的內容行銷與SEO，其實起源於這個時期。

Yahoo!犯下的錯誤

1990年代，Yahoo!擁有的影響力相當於現在的Google加上Facebook。絕大多數的網路使用者都使用這個網站。

不過，Yahoo!卻在2000年犯了一個致命錯誤，那就是輕忽搜尋引擎的重要性，拿日後的競爭對手Google當作自家公司的搜尋引擎。

後來為了對抗蠶食鯨吞市占率的Google，Yahoo!陸續收購AltaVista與Inktomi等當時主要的搜尋引擎，整合成Yahoo! Search Technology，作為自家公司的搜尋引擎，但為時已晚，雙方的技術力差距實在太大。

曾在Yahoo!任職的Y Combinator創辦人保羅・格雷厄姆（Paul Graham）表示，他曾在1990年代後期建議Yahoo!創辦人「應該收購Google」。

格雷厄姆在部落格[7-6]裡如此寫道：

「我記得自己是在1998年年底或1999年年初，告訴大衛・費羅應該買下Google。因為我和公司裡多數的程式設計師都使用Google，而不是Yahoo!搜尋。」

7-6：Y Combinator," Want to start a startup?",What Happened to Yahoo ,2010.
http://www.paulgraham.com/yahoo.html

對於格雷厄姆的建議，Yahoo!創辦人大衛・費羅是這麼回答的：

「搜尋只貢獻我們6％的流量。更何況，我們每個月都有10％的成長。沒必要擔心那種事啦。」

結果這個判斷成了Yahoo!的致命傷。

Yahoo! Japan與品牌看板（Brand Panel）

不久，Yahoo!就推出了橫幅廣告。因為他們發現，只要有足夠的流量，網路廣告模式便能成立。

1996年，Yahoo! Japan也開始經營橫幅廣告業務。

Yahoo! Japan

從美國Yahoo!獨立出來的日本最大入口網站之一，提供新聞與運動等豐富的服務。2017年單月平日使用人數為3377萬人[7-7]。

7-7：「TOPS OF 2017: DIGITAL IN JAPAN 〜ニールセン2017年 日本のインターネットサービス利用者数ランキングを発表〜」nielsen、2017年。
http://www.netratings.co.jp/news_release/2017/12/Newsrelease20171219.html

Yahoo! Japan有著各式各樣的廣告商品。例如昂貴的首頁廣告（Yahoo! JAPAN首頁曝光），刊登一週要價4400萬日圓至4800萬日圓[7-8]（圖7-2）。

圖7-2　現在的Yahoo! Japan首頁與廣告版位

可能有些人對數位廣告的印象就是「便宜」。不過，畢竟它的影響力不小，當中也是有價格昂貴的廣告商品。

圖7-3為日本具代表性的媒體廣告價格（四者皆參考2017年的媒體資料）。

圖7-3　廣告的代表例子與刊登金額

媒體名稱	商品名稱	刊登期間	刊登金額
YAHOO! JAPAN	品牌看板 Triple Size	1週	500萬日圓起
Cookpad	食譜競賽	4週	550萬日圓
NAVER Matome	頂級贊助Matome	2週	400萬日圓
日經電子版	頭版廣告（無特設版位）	1天 （7:00～14:00）	500萬日圓

7-8：Yahoo!プレミアム広告商品紹介（2017年12月14日）。
　　　https://marketing.yahoo.co.jp/download/

「一般廣告（買版廣告）」是指網站（經營網站的企業）直接銷售、管理的廣告。

網路普及後，小型網站如雨後春筍般湧現，而他們也想販售廣告版位。可是，如果小型網站各自推出自己的廣告商品，對想打廣告的人來說很不方便，此外這些想賣廣告商品的網站也很難找到客戶。

於是便出現了「廣告聯播網」這項機制，由業者跟無數個小型網站簽約，一手包辦銷售業務（圖7-4）。

圖7-4　廣告的種類

一般廣告	由Yahoo!、Cookpad等大型網站直接提供的廣告版位
廣告聯播網	由專門的企業將各種大大小小的網站集結起來，統一提供的廣告版位

網站的廣告曝光量俗稱「庫存（Inventory）」。廣告聯播網幾乎不會發生沒有庫存的情況。只要擴大聯播網的規模，便能消弭供需的落差。

DSP與SSP　>

運用廣告聯播網時，會使用到各式各樣的技術。

其中常讓人搞錯的，就是DSP（Demand Side Platform，需求方平臺）與SSP（Supply Side Platform，供應方平臺）的差別。

如圖7-5所示，DSP是給廣告主使用的技術（目的是用較低的金額刊登在成效較高的版位上），SSP則是幫助網站（媒體）獲得最大利益的技術，各位只要這麼記就沒問題了。

圖7-5　DSP／SSP

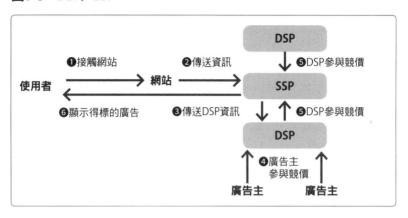

　　目前不僅有像Google多媒體廣告聯播網[7-9]那樣，兼具SSP功能與DSP功能的平臺，也有像Criteo[7-10]那樣著重技術優化的平臺。

　　值得一提的是，這些複雜的程序都是在0.1秒內進行的。這段購買與競價的過程稱為RTB（Real Time Bidding，即時競價）。

DSP

　　指配合廣告主的要求，購買廣告庫存的平臺。DSP會串聯數個SSP，依據廣告主的受眾資料，判斷廣告主該不該購買（出價）。

7-9：由Google管理的全球最大多媒體廣告聯播網。2006年將YouTube納入旗下後，又於2009年收購了admob，能在地球上各個地方顯示廣告是GDN的優勢。

7-10：總公司位在法國的DSP。以動態再行銷（Dynamic Retargeting，根據瀏覽資訊顯示商品）見長，勢力僅次於Google多媒體廣告聯播網。

SSP

　　指保有大量的網站版位，以獲取最大利益為目標銷售這些廣告版位的平臺。SSP會將瀏覽器資訊與網站資料傳送給DSP，再讓數個DSP參與競價，藉此將收益率提升到最大（收益管理）。

再行銷廣告 >

　　橫幅廣告／展示型廣告可說是十之八九會被消費者忽視的廣告手法。不過，只要調整一下手法，即便是橫幅廣告也能收到成效。

　　舉例來說，我們可以使用「再行銷（Retargeting／Remarketing）」手法。

　　這是一種向曾造訪過網站的消費者，再次顯示自家廣告的功能（圖7-6）。

圖7-6　再行銷的機制

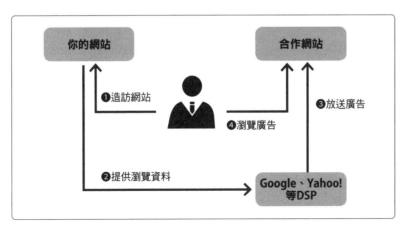

如同Part 3的說明，**只要接觸頻率（Frequency）增加，廣告的認知率就會上升**。「再行銷」這種廣告模式，即是基於消費者的注意力有極限這一點。

從comScore的分析[7-11]可知，相較於其他的展示型廣告，再行銷對於提升指名關鍵字搜尋量有很大的效果（圖7-7）。

圖7-7　各種廣告的效果

	指名 關鍵字 搜尋率	可顯示 廣告的 觸及量	必要成本
再行銷	1,046%	30	373
指定目標受眾 （根據過去的瀏覽紀錄放送的廣告）	514%	30	329
一般廣告	300%	21	1,471
內容比對 （顯示在相關網頁上的廣告）	130%	73	1,473
全聯播網隨機放送 （顯示在任何網頁上，增加轉換的廣告）	126%	100	100
按單次點擊出價自動投放	100%	57	140

7-11："comScore Study With ValueClick Media Shows Ad Retargeting Generates Strongest Lift Compared to Other Targeting Strategies",comScore.
https://www.comscore.com/Insights/Press-Releases/2010/9/comScore-Study-with-ValueClick-Media-Shows-Ad-Retargeting-Generates-Strongest-Lift-Compared-to-Other-Targeting-Strategies

廣告操作者常遇到的情況

　　從事廣告這一行，要面對形形色色的客戶，這也害我經常被好幾個再行銷廣告糾纏不休。我只能看著陌生地區的分租公寓廣告，心想「將來自己或許有需要」，默默地等廣告消失。沒辦法，這也是我的工作。

Facebook廣告
與Instagram廣告的基礎

Facebook是全球最大的社群網站之一,在日本也算是一個商業平臺。自從收購Instagram後,更成了不可或缺的廣告平臺。

Facebook廣告的誕生與意義 >

Facebook誕生於2004年,起初跟Google一樣虧損連連。

不過,Facebook有著前所未見的特色。

那就是擁有最多的網路使用者資料,例如使用者的感情狀況、生產狀況、學歷、住處、工作地點、粗估的年收入等等。

只要運用這些資料,就能夠只針對「住在東京都港區、東大畢業、20幾歲的未婚男性」顯示廣告。

換言之,企業可以有效刊登符合消費者生命週期的廣告(圖7-8)。

圖7-8　Facebook的廣告版位

Facebook廣告成功展現了，從前的媒體廣告所沒有的極高精確度（對消費者的訴求力）。尤其轉職與結婚等成本較高的廣告，在Facebook上更是常見。

Facebook廣告的業績直追Google Ads，到了2017年已成長至173億美元，相當於Google Ads業績的50%左右[7-12]。

Facebook廣告的特徵 >

如同前述，Facebook廣告的特徵就是擁有大量的使用者資料。此外，企業也可向已被Facebook收購的Instagram，以及Facebook Audience Network的外部合作夥伴投放廣告。

我在Part 2的內容提到過，人口統計變項對於某些服務（例如婚活服務）來說非常有用，但也有些服務（例如修理門鎖）未必跟人口統計變項綁在一塊。

假如人口統計變項，是判斷使用者是否為自家公司潛在顧客的最重要因素，那麼Facebook廣告的成本效益就更高了吧。

另外，使用「類似廣告受眾」這類運用人口統計變項資料的功能，還可以增加廣告的投放量。

例如愛好與興趣，並非只能指定「料理」之類範圍較廣的類別，廣告主可以指定「有機食品」之類範圍較小的類別。

Facebook廣告可以設定的廣告目標同樣五花八門。

□**增加應用程式安裝次數**
□**增加粉絲專頁的按讚數**
□**增加網站的訪客與轉換**

7-12："Google and Facebook Tighten Grip on US Digital Ad Market",eMarketer,2017.
https://www.emarketer.com/Article/Google-Facebook-Tighten-Grip-on-US-Digital-Ad-Market/1016494

□**品牌建構與認知**
□**動態再行銷廣告**
□**填寫表單**

其中值得一提的就是，可吸引使用者填寫表單（例如講座招生）或訂閱電子報的名單型廣告。

由於Facebook已擁有使用者的姓名與電子信箱，使用者只需點一下滑鼠便能填好表單。這可說是Facebook廣告獨有的特色吧？

另外，Facebook並無規定最低刊登金額。廣告主可先以很小的金額開始運用，也是Facebook廣告的一大特徵。

Facebook的廣告格式 >

Facebook本身擁有廣告庫存，因此廣告主能自由選擇廣告素材的展示位置（反觀其他公司的網站就是一體的，版位不能變更）。

另外，由於廣告也會出現在動態消息中，無論格式是影片還是圖像，廣告都能以非常大的尺寸顯示。

Facebook的廣告格式也有許多類型。
□**影片廣告（在動態消息中自動播放）**
□**輪播廣告（由數張圖卡組成的圖像廣告）**
□**輕影片廣告（圖像結合音效）**
□**全螢幕互動廣告（在Facebook的應用程式上，顯示類似網站的彈
　出式廣告）**
□**名單型廣告（可直接輸入講座報名表之類的表單）**
（譯註：全螢幕互動廣告現已更名為「即時體驗廣告」。）

雖說影片廣告變得更加重要了，但廣告主若規模不大，每次都要製作影片打廣告的話得花很多費用。能夠只用圖像製作吸引消費者的動態廣告，也可算是Facebook廣告的特色之一吧。

Instagram廣告 >

Instagram廣告同樣可在Facebook的廣告平臺上刊登。除了可以直接運用影片廣告、圖像廣告、輪播廣告等等，還可以使用限時動態（Instagram的功能之一，可將幾秒鐘的影片或圖像組合起來，製作成一則限時動態）廣告。

如果要使用Instagram廣告，建議先建構品牌再刊登廣告。如果隨隨便便打廣告，但**廣告素材不符合Instagram的整體氣氛或概念的話，消費者可是連看都不看一眼**。

畢竟是同一個廣告平臺，許多功能兩者都可以使用，不過Instagram的廣告受眾無法設定得跟Facebook一樣精準，這點需要多加注意。連同廣告的品質在內，運用Instagram廣告時必須要以高於其他廣告的標準嚴格檢查。

如何更好地運用？ >

Facebook廣告的優化邏輯中，仍有進步空間的就是印象了（當然Instagram也是一樣）。

若想更好地運用Facebook廣告或Instagram廣告，重點就在於人口統計變項的範圍能縮小到什麼程度。

然後建立假設，將成功的部分與失敗的部分清清楚楚地區分開來。

關鍵字廣告的運用要點也是如此。

Twitter廣告的基礎

Twitter在日本具有非常大的影響力，但以一個廣告平臺來看，卻給人略遜Google與Facebook一籌的印象。本節就來談談運用Twitter廣告所需要的基礎知識。

Twitter廣告的類型　　　　　　　　　　　　　　　>

Twitter廣告有三種類型。

推廣推文

　　這是投放在時間軸上的廣告。如果要採用自助式（自行操作運用）廣告，基本上可以使用的就只有這項商品而已。

推廣趨勢

　　這項功能可讓任何主題標籤出現在流行趨勢一覽上。顯示主題標籤，能讓使用者在發推時提到這個話題，繼而提升認知度。
　　一般而言，推廣趨勢大部分都會跟推廣推文或電視廣告等廣告一起運用。

推廣帳號

　　這項功能是向較少跟隨他人的使用者推薦你的帳號，引導對

> 方跟隨你。這可大幅增加你的跟隨者。

Twitter是在2015年正式推出自助式（自行設定）廣告，在此之前只能透過廣告代理商或Yahoo!刊登廣告。現階段若要自行操作運用Twitter廣告，仍然有許多不便之處。

至於廣告目標，則有以下幾種可以選擇。

- ☐ **吸引訪客造訪網站**
- ☐ **安裝應用程式／觸及應用程式使用者**
- ☐ **獲得跟隨者**
- ☐ **建構品牌、建立受眾**
- ☐ **蒐集電子信箱**

有效的運用方式 〉

Twitter能夠有效吸引消費者安裝應用程式。由於這個平臺在日本具有非常強大的影響力，對於認知的形成也有一定的效果。

除此之外，用不著準備影片或圖像等素材，只要改一下推文的字詞就能進行A／B測試，因此**可以輕鬆測試廣告素材，這是Twitter的一大特徵**。Twitter也很講究廣告內容，只不過重視的方向跟Instagram之類的平臺不同。

這可說是最適合經常發布數則推文，詳細進行A／B測試的平臺吧。

畢竟Twitter本身有轉推功能，是很適合擴散的平臺，只要文案多花點心思，就能收到超出廣告費用的擴散效果。

其實亞馬遜更厲害

　　雖然Twitter在日本擁有非常大的影響力，但他們的事業在其他國家未必都發展順遂。

　　2017年Twitter的廣告規模有20億美元，不過仍低於美國亞馬遜的廣告規模（28億美元）[7-13]。

　　不過，上市以後年年虧損的Twitter，總算在2018年首度轉虧為盈，目前也在執行長傑克・多西（Jack Dorsey）的帶領下努力拚業績[7-14]。

7-13：小久保 重信「ネット広告市場に忍び寄るアマゾンの脅威」JBpress、2018年。
　　　http://jbpress.ismedia.jp/articles/-/52215
7-14：兼松雄一郎「ツイッター、身の丈経営で初の黒字 規模より質追う」日本経済新聞、2018年。
　　　https://www.nikkei.com/article/DGXMZO26730170Z00C18A2TJ1000/

為了成功而失敗

—— 資料分析與A／B測試

為什麼資料分析如此重要？

資料分析、大數據、資料科學……這些都是近來時有所聞的名詞。為什麼最近幾年，資料分析會受到如此熱烈的討論呢？

數據民主主義時代 >

　　如同Part 2的說明，對數位行銷而言，建立下意上達型組織是件很重要的事。另外，擬訂完善的計畫也會造成反效果。數位行銷要成功，需要的是資料、數據以及資料分析。

　　丹・斯洛克（Dan Siroker）是全球最著名的A／B測試工具之一「Optimizely」的創辦人，他將這種現象稱為「數據民主主義（Data democracy）」。

　　巴拉克・歐巴馬（Barack Obama）於2009年成為美國總統，斯洛克曾在這場大選期間負責歐巴馬陣營的網路公關。

　　當時實施的A／B測試案例，在Optimizely官方部落格[8-1]上都有詳細解說。其中一個案例，是斯洛克為獲得更多的政治獻金而實施的測試。

　　請問，你認為圖8-1的4種按鈕當中，哪一個的轉換率最高呢？

8-1：Dan Siroker,"How Obama Raised \$60 Million by Running a Simple Experiment",Optimizely Blog,2010.
https://blog.optimizely.com/2010/11/29/how-obama-raised-60-million-by-running-a-simple-experiment/

圖8-1　4種按鈕

正確答案是第二個「LEARN MORE（瞭解更多）」。這個按鈕也搭配了各種圖像進行測試，結果發現某個特定組合的註冊率達11.6%，跟原本的網站（8.6%）相比上升了40.6%。

接著來看亞馬遜的案例吧！WIRED於2012年12月發表的文章[8-2]提到，當初前亞馬遜工程師葛瑞格・林登（Greg Linden）設計出促進「衝動購物」的推薦系統時，並未受到公司內部的重視。

這令林登相當氣憤，於是他實施了A／B測試。結果很顯然的，導入這項功能確實能夠提升亞馬遜的收益。

這真是一個展現數據民主主義的好例子，不是嗎？**一名研發者的測試結果，有可能讓主管們的管理變得多餘。**

8-2：BRIAN CHRISTIAN「A/Bテストがビジネスルールを変えていく（あるいは、ぼくらの人生すらも？）」WIRED、2012年。
https://wired.jp/2012/12/29/abtest_vol5-2/

　　前述介紹的丹・斯洛克表示,在歐巴馬競選總統期間,令他印象最深刻的就是以下這件事。

　　「為了比較圖片與競選團隊一致看好的宣傳影片(畢竟內容是政治家的演說),於是我們做了測試,結果發現影片的成效比任何一張圖片還要差」。

　　歐巴馬陣營有著「接受異於自身直覺的結果,不管怎樣就是要測試」的文化,所以才能在總統大選期間募得6億4000萬美元的政治獻金(多為小額捐款)。

　　許多實驗皆已證明,我們的直覺有多麼靠不住。

　　舉例來說,心理學家丹尼爾・康納曼(Daniel Kahneman),在著作《快思慢想》(中文版由天下文化出版)中舉了以下的例子[8-3]。

　　　有一個人被他的鄰居描述為:「史提夫是個很害羞、不大方的人,他很願意幫忙,但是對人或真實世界沒什麼興趣。他是個溫和整潔的人,他喜歡秩序和結構,對細節非常執著。」請問,史提夫比較可能是圖書館員,還是農夫?

8-3:ダニエル カーネマン(著)、村井章子(翻訳)『ファスト&スロー』早川書房、2014年

不消說，大多數人容易做出的結論當然就是「圖書館員」吧？史提夫的特徵全都顯示他是圖書館員。

　　可是，這段描述卻忽視了另一個重要的統計事實。在美國，圖書館員人數只有農夫的二十分之一。換言之，就算史提夫再怎麼害羞、不大方，他是圖書館員的可能性，仍然遠低於他是農夫的機率。

　　如同這個例子，我們常常只注意乍看似乎很重要的事物，卻不去細想它在本質上是否真的重要。

　　令人驚訝的是，在行銷這個領域裡，我們其實並不瞭解顧客（而顧客也不瞭解自己）。

　　就像我在Part 2所說明的，建立下意上達型團隊，創造「凡事都先測試看看」的文化，對行銷十分重要，相信各位應該都明白這一點了。

選擇正確的資料

在資料分析上,最重要的並非「得出什麼樣的結果」,而是「應該分析什麼東西」。本節就來談談,如何才能分析正確的資料。

該買的不是選手而是勝利 >

演員布萊德‧彼特(Brad Pitt)在2011年上映的電影《魔球(Moneyball)》中,飾演精明能幹的職棒大聯盟球隊總經理──比利‧比恩(Billy Beane),片中一名畢業於耶魯大學的統計人員曾對比利這麼說:

> 你的目標應該是買下勝利,而不是買下選手。

這是一句極富啟發意義的臺詞。

比利‧比恩與統計人員的功績,在於質疑打擊率、打點、盜壘數與勝投數等,過去棒球界始終相信「正確」的指標,提出「真正能帶來勝利的指標為何?」這個問題。

他們著眼的是上壘率。因為他們從統計結果發現,就算打者跑得不快,打擊率也不算高,只要上壘率高,球隊就很容易獲得勝利。

自從比利花很少的預算率領球隊連續獲得戲劇性的勝利後,其他球隊也逐漸改採新的統計手法。現在的大聯盟不看打擊率或打點,而是採用更複雜、在統計上有意義的致勝指標。

擊出更多的安打、得到更多的分數、擊出全壘打,這些都是非常淺顯

易懂的指標。直覺上，我們認為自己非常清楚什麼能帶來勝利。然而，直覺認為正確的事在統計上未必是正確的。

分析所需的指標 >

就拿以下的例子來說吧！

假設我們在3種媒體上刊登廣告。只看造訪人數的話，A媒體是最多人看的媒體吧。不過，若是看購買人數便會發現，其他媒體的效率遠高於A媒體（圖8-2）。

圖8-2　各媒體各個階段的轉換範例

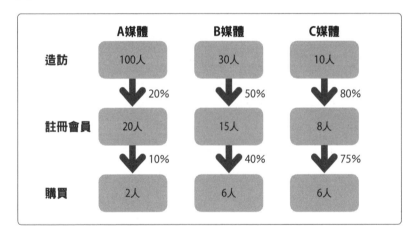

乍看之下，我們會覺得既然有許多人造訪，「購買金額當然也會增加」。然而實際上，這個指標不過是其中一個檢查點，真正重要的是購買人數。

假如單純用造訪人數檢測廣告的成果，這個廣告肯定會大獲失敗吧。**要把哪個部分設為KPI（關鍵績效指標），可以說是分析上最重要的一點。**

KPI ／ Key Performance Indicator

指達成目標所需的關鍵數值或數值目標。例如「2017年的 KPI是每位顧客平均購買金額（客單價）」。同時設置數個KPI 的情況也很常見。

假如把KPI設定為「最後是否購買」，其他數值就只是達成目標過程 裡的一個因素而已。

用更深入的指標測量(LTV／ROI)   >

如果再進一步研究，就會發現光看購買是不夠的。因為廣告的效果並 非一次性的。

舉例來說，假設有家餐飲店花30萬日圓在網路上打廣告。

結果，有50人看了這個廣告後光顧餐飲店（這是獲客數）。假設客 單價是5000日圓，乘以50人就是25萬日圓（這是銷售額）。

投資30萬日圓，回收25萬日圓，這樣看來廣告效果似乎不符成本。 不過，行銷本來就不是一次性的活動。曾經來過的顧客很有可能再度光 顧，甚至成為粉絲。

假如這樣的顧客一生平均來店1.5次，那麼未來的銷售額，一個人就 是7500日圓（5000日圓×1.5）。

這稱為LTV（顧客終生價值）。

LTV／Lifetime Value

　　即顧客終生價值，指1名顧客一生中能為這項服務貢獻的價值。要測量整段人生並不容易，因此大多會按時期劃分為5年LTV或10年LTV。

　　LTV乘以顧客人數是37萬5000日圓。這就是透過廣告獲得的綜合價值（圖8-3）。

圖8-3　用LTV測量

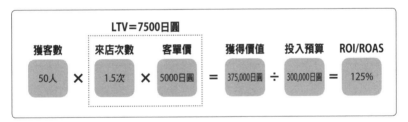

LTV＝7500日圓

獲客數		來店次數		客單價		獲得價值		投入預算		ROI/ROAS
50人	×	1.5次	×	5000日圓	＝	375,000日圓	÷	300,000日圓	＝	125%

　　那麼，我們再來計算看看廣告的成效吧！

　　投資30萬日圓，綜合報酬為37萬5000日圓，ROI（投資報酬率）是125%。也就是說這個廣告本身，獲得的價值大於投資的預算。

　　如同這個例子，只要適當計算顧客的LTV，就能正確測量廣告對於實際的收益有多少影響。

用購買頻率（Frequency）思考

另一個分析上的重要概念是購買頻率。拿前述的例子來說，雖然有算出平均來店次數，不過可以的話，建議你像圖8-4與圖8-5那樣，計算各個購買次數的轉換率，檢查看看哪邊有瓶頸。另外，F1是指第一次購買，F2是指第二次購買。

圖8-4　顧客的購買頻率

	F1	F2	F3	F4	F5
A顧客	○	○	○	○	○
B顧客	○	×	×	×	×
C顧客	○	×	×	×	×
D顧客	○	×	×	×	×
E顧客	○	○	○	×	×

圖8-5　轉換率

	F2	F3	F4	F5
轉換率	40%	100%	50%	100%

特別重要的是F2（第二次購買）的轉換率。一般而言，第二次購買的顧客，之後也極有可能繼續購買。

只要增加每個人的購買次數，顧客的LTV就會大幅增加，因此F2轉換率是增加LTV不可或缺的重要指標。

想一想哪個指標具有潛力 >

拿前述的例子來說，獲得價值共有3項指標，分別是獲客數、客單價、來店次數。基本上這些都算是獨立的指標吧？

那麼，究竟哪一項指標最容易提升呢？若想提升獲客數，可以提高廣告預算，或是降低獲客成本，藉由調整費用來提升成效。

若想提高客單價，可以更精準鎖定廣告的目標受眾，此外或許也有必要重新檢視菜單或加入套餐。若想增加來店次數，或許也需要透過電子報或社交網路服務跟顧客建立關係。

重要的是，跟競爭對手比較時，或是研究商業模式時，應該想一想哪個指標具有潛力（比競爭對手低，但仍有辦法提升）。

訂立基準值 >

分析廣告時不能少了基準值。以單次客戶開發出價（每次轉換成本）為例，如果是單價1萬日圓的商品，就算單次客戶開發出價為2000日圓可能還是有利潤；如果是1000日圓的商品，單次客戶開發出價就得再降低一點。

無論是哪種數值都需要基準值。不管是點擊率也好轉換率也罷，事前調查競爭對手時所用的數值都要訂立基準值。

細分數值(Chunk down) >

舉例來說，假設某個廣告活動的單次客戶開發出價（每次轉換成本），從1000日圓增加至1500日圓。如果要找出原因，就得先把指標分解開來看看（圖8-6）。

圖8-6　指標的「因數分解」

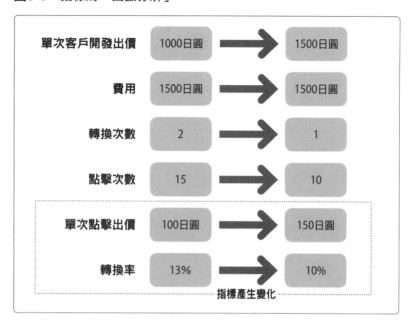

分解後發現，費用維持原狀，但轉換次數減少了。

其中一個原因似乎在於點擊次數變少了。進一步檢查便會發現，雖然費用維持原狀，但單次點擊出價（單次連結點擊成本）提高了。

另一個原因則是，單次點擊的轉換率降低了。

接著進一步探究，如果是關鍵字廣告，可以分解成各個關鍵字或搜尋查詢來研究；如果是展示型廣告（多媒體廣告），則可分解成各個投放媒體來研究。

只要把問題加以細分，便可以找出原因。

單次客戶開發出價越低越好嗎？

「獲客成本越低越好」是一般人常有的誤解。以廣告為例，獲客成本是指單次客戶開發出價（每次轉換成本）或CPI（單次安裝成本）。

當然，在某個意義上這個解釋是正確的。這是從「獲客成本降低，利潤就會增加」這項事實導出的結論吧。可是，仔細想想，降低成本未必是正確的行銷判斷。

就拿以下的例子來說吧！A廣告獲得1名顧客的成本是4000日圓，B廣告則是前者的一半（2000日圓）。

兩者的客單價都一樣。如此算來，A廣告的單客利潤是1000日圓，B廣告是3000日圓，兩者居然相差3倍。

不過，其實A廣告吸引到的顧客是B廣告的5倍。因此，A廣告的綜合利潤為5萬日圓，相較之下B廣告只有3萬日圓，A廣告反而多出2萬日圓（圖8-7）。

圖8-7　2個廣告的利潤金額

我們需要做的事，並不只有降低獲客成本而已。若能增加整體的利潤，就算獲客成本多一點點也沒關係，這點很重要。

當然，降低成本也有好處，當預算相同時你可以刊登更多的廣告，不過獲客成本降得越低，廣告可投放的「範圍」通常就越小。

這點也跟「是否該運用廣告」這個問題有關。如同我再三強調的，數位行銷並不只有廣告，但這並不表示只用免費工具就好。假如綜合來看確實有助於提高利潤的話，還是必須毫不猶豫地投入預算。

若用《魔球》的臺詞照樣造句，重點就是：

你的目標應該是設法獲得最大利潤，而不是降低單次客戶開發出價。

Google Analytics的分析

當「顧客增加了」時，或是「轉換次數增加了」時，究竟該檢查哪個部分才對呢？本節就為大家介紹，利用Google Analytics進行分析的手法。

Analytics分析的基礎❶ —— 按期間比較

Google Analytics可按時間順序進行比較分析。你可以跟各個期間比較看看，例如跟上週比較、跟上個月比較、跟去年比較等等（圖8-8～圖8-12）。

按期間比較的話，常會碰到無法正確比較的問題。舉例來說，B2B事業有可能星期六、日幾乎沒有訪客造訪。這種時候就得比對星期一至星期五，否則很難得到正確的結果。

同樣的，如果是在月底、月初或年度末有所增長的業種，就必須配合這些變動因素進行分析。

圖8-8　各期間的比較

	優點	缺點
跟上週比較 （每7天比較1次）	較能看出星期幾的變動	資料量較少
每30天比較1次	可取較長的天數進行比較	
跟上個月比較	較能看出月初或月底的變動	由於每個月的天數不同， 圖表很難對齊比較
跟去年比較	較能看出季節性的變動	由於時間範圍很長， 不適合檢驗措施成效

圖8-9　跟上週比較（每7天比較1次）

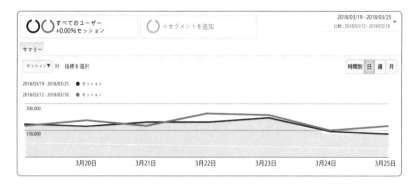

圖8-10　每30天比較1次

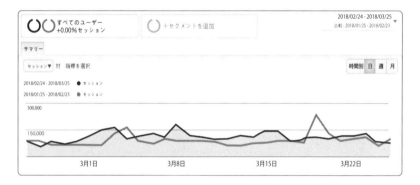

圖8-11　跟上個月比較

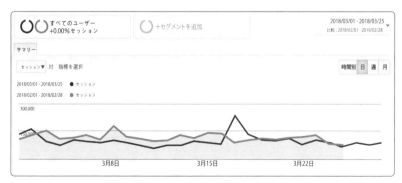

圖8-12　跟去年比較

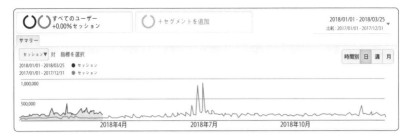

　　請你比較一下這些圖表。如果是要找出問題，或是判斷某個措施的成敗，使用較短期的圖表或許會比較好；如果是想觀察整體是否進展順利，使用長期的圖表會比較合適。

Analytics分析的基礎❷ —— 按流量比較

　　舉例來說，假設流量如圖8-13所示，自特定的日子以後出現增加（減少）的情況。這種時候，我們或許可以運用「區隔」功能，按照流量分類來找出原因。

　　例如，從「是否只有搜尋流量增加？」「是否只有參照連結網址流

圖8-13　區隔功能

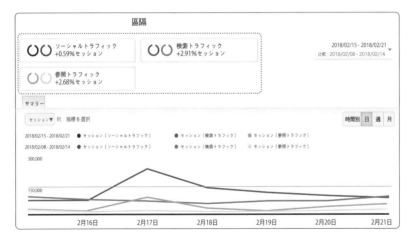

量或社交流量增加？」之類的角度來觀察。

此外還要進一步縮小範圍檢視，例如「搜尋流量當中是哪個關鍵字的流量增加了」、「參照連結網址流量當中，來自哪個連結的流量最多」等等，這點很重要。

網站出現急劇的變化時，通常都是起因於特定的流量。只要知道原因，便能判斷有沒有可能再次出現這種變化。

Analytics分析的基礎❸ —— 按使用者屬性比較 >

使用者屬性當中，有幾個項目可以互相比較。

新訪客／回訪客

新訪客與回訪客有哪裡不同呢？如果是需要登入的服務，也可以跟登入的使用者比較吧。

假如只有新訪客變多，原因應該多為外部因素。

智慧型手機（iOS／Android）／
桌上型電腦／平板電腦

各個裝置有沒有不一樣的地方呢？假如是只有智慧型手機增加，或是只有桌上型電腦增加等等，這類只有特定的行動裝置出現變動的情況，一定有什麼原因才對。

跳出訪客／非跳出訪客

不妨也觀察一下跳出訪客與非跳出訪客的差異吧！舉例來說，假如跳出率上升，但非跳出訪客的停留時間沒有變化，有可能是到達網頁或首頁出了問題。

人口統計變項資料

我們也可以按人口統計變項資料（年齡、性別、地區等等）分類。舉例來說，只在特定地區播放的電視節目或廣播節目，有可能導致流量增加；如果是年輕的訪客，流量也有可能受到春假或暑假等假期的影響。

Analytics分析的基礎❹ —— 按內容比較 >

首頁出現變動的原因，與只有特定網頁出現變動的原因不盡相同。此外，有時也會發生僅特定網頁擴散出去的情況，或是商品、網頁因某個緣故掀起話題，導致首頁流量增加的情況。

另外，如果是只有搜尋流量上升之類的情況，也有可能導致特定網頁的流量變多。

　　Analytics可設定各種目標（轉換）。例如，瀏覽特定網頁、點擊連結、傳送表單或開始通話等等都可以設定為目標。

　　此外，Analytics會記錄各種流量，因此不只廣告，所有的流量都可以查出貢獻來源。

　　前面談到廣告的轉換時，就說明過最終點擊轉換與最初點擊轉換。

　　歸因即是試著分析訪客的最終點擊轉換，以及在前面的過程中訪客接觸到的所有媒體，合理評估這些對於達成目標有多少直接與間接效果（圖8-14、圖8-15）。

圖8-14　歸因

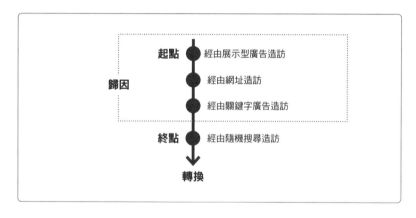

圖8-15　歸因模式

	最終互動	意思同最終點擊轉換。把達成轉換的功勞歸給最終接觸點
	最終非直接點擊	把達成轉換的功勞，歸給最終接觸點的前一個接觸點
	最終Google廣告點擊	把達成轉換的功勞歸給對Google Ads的點擊
	最初互動	把達成轉換的功勞歸給最初接觸點
	時間衰減	距離達成轉換時間最近的接觸點功勞較大，距離越遠功勞越小
	根據排名	可自訂接觸點，預設則把大部分的功勞歸給最初互動與最終互動

part**8**

為了成功而失敗——資料分析與Ａ／Ｂ測試

Analytics分析的基礎❻ —— 綜合觀察

流量與轉換的增減皆有各式各樣的因素。

☐**特定的日期與時間／星期幾**
☐**裝置**
☐**流量來源**
☐**新訪客／回訪客**
☐**人口統計變項**
☐**特定內容／網頁**

尤其是暴增或驟減的情況，絕大多數都有特定的理由或因素吧。

重點是，出現某種變化時，別只是覺得「不知為何改變了」然後就不了了之。一定要追究原因，並且進一步分析。

如何實施更精準的分析❶
—— 增加資料量／安排試驗時間

　　進行民意調查時，如果只問周遭幾個人的意見是得不到正確結果的。這種時候，當然一定要確保統計所需的樣本量（資料量）才行。

　　就拿廣告來說，假如才剛開始打廣告，只花了數千日圓便認定「沒有效果」的話，這樣未免言之過早。

　　雖然我們沒辦法無止境地使用廣告費，但在累積一定的資料量之前，還是可以先試著從小改善開始做起吧。

　　另外，安排一段時間實施「試驗」（盡量不花預算），蒐集測試資料也是有效的方法。分析之後，再決定是否真的要大打廣告。

如何實施更精準的分析❷ —— 學習統計方法

　　統計這門學問，就算只學了精華依舊很實用與方便。

　　以下將為各位介紹的兩種分析手法，都可以運用在Excel之類的試算表軟體上。

相關分析

　　相關分析是一種判定某2個變數之間有無關聯性的分析手法。兩者的關聯性可用「相關係數」這項數值來判定。

　　舉例來說，如果想知道變更商品價格後，銷售額會有什麼樣的變化，只要進行相關分析，就能夠確定兩者有無正（負）面的相關關係。

　　值得注意的是，相關分析絕非用來證明因果關係的手法。假使一整年的閱讀量與年收入有相關關係，也不代表「只要看書就

能增加年收入」，這有可能是因為「年收入高的人可自由運用的錢較多，所以才有錢買書來看」。

像這種存在著隱藏變數，導致另外2個變數看似有關聯的現象稱為「偽關係」。

迴歸分析

迴歸分析是一種使用某個變數（解釋變數），建立預測其他變數所需函數（被解釋變數）的分析手法。

打個簡單易懂的比方，被解釋變數就好比是棒球比賽的得分數。至於迴歸分析，則是使用安打數、全壘打數與盜壘數（解釋變數）預測得分。

像是「（全壘打數×2）＋安打數＋（盜壘數÷4）」這樣的式子就稱為迴歸式。同樣的，我們或許可以使用網站的點擊次數與網頁瀏覽次數來建立迴歸式。

如何實施更精準的分析❸ ── 增加蒐集資料

如果資料無法觀察，自然也無法分析。

因此，蒐集更多的資料是必要條件。

此外也需要準備能夠正確分析的環境。

例如，網頁或廣告使用另一個獨立的電話號碼，或是把線下的業績算進轉換裡等等，只要花點心思設計手法，不就能夠蒐集到之前無法取得的資料嗎？

後 記

彼得‧F‧杜拉克曾在著作《管理的使命》（Management: Tasks, Responsibilities, Practices）中如此說道：

> 未來是不可預測的。假如有人表示他能預測不久之後的未來，那就讓他看一下今天的報紙，然後詢問他十年前能預料到哪一則新聞。之所以需要策略規劃，正是因為我們無法預測未來。

> 企業宇宙不是一個物理的宇宙，而是一個社會的宇宙。事實上，企業的主要貢獻是產生能夠改變經濟、社會、政治狀況的獨特事件或創新，而利潤就是對此貢獻的回報。

行銷或許就類似杜拉克提到的「企業的主要貢獻」。因為，行銷並不只是促使人購買商品的過程。

就拿飲食文化來說吧！

放眼全世界，即便是沒有吃生魚習慣的國家，如今一樣隨處可見日本料理餐廳。

現在覺得「稀鬆平常」的產品或習慣，其實仔細調查便會發現，這些東西能夠普及都要歸功於某些人或企業付出的各種努力。

行銷創造了文化，這麼說一點也不誇張。

回顧過去，東京在高度經濟成長期呈爆發式成長，規模不斷擴大，除了舊有的都市地區外，也誕生許多新興住宅區。

與此同時也出現了「My Home」與「My Car」之類的流行語，新興都市靠著行銷，塑造出各自的都市形象，以及居住在那裡的家庭形象。

如此看來，若說東京是建構在行銷上的都市，真的一點也不為過吧？

世界持續發生不可逆的變化，而且變化的速度越來越快。在這樣的時代下，能夠參與最先進的行銷是一件非常快樂、令人興奮的事。

行銷……不，光是數位行銷這個名詞所指的領域就很廣了，最近幾年更是持續擴大。

如果消費者在Instagram上發現你的商品，接著用Google搜尋，最後在亞馬遜上購買，究竟這段過程當中哪個部分可以稱為數位行銷呢？這個問題也許會令你陷入沉思。

此外，假如之後消費者對商品不滿意，因而寫電子郵件反應，又把不滿寫在Twitter上，最後引起網友炮轟撻伐……這樣看來，即使在顧客購買了商品之後，行銷也仍未劃下句點。

就如我在前面提到的，現在正邁向「人人都是行銷人」的世界，相信各位都明白這點了吧？

反過來說，雖然人人都是行銷人，但就算是再厲害的行銷人，我們知道的也不過是行銷當中的一部分罷了。這意謂著，溝通變得更加重要了。

為了讓大家在這樣的時代下，能夠溝通得更加順暢，本書有系統地整理了各種知識。

雖然未能完整收錄所有的知識，不過對於此次的新嘗試，我有信心能讓各位全面且更加深入本質地瞭解行銷這門學問。

真的非常感謝各位閱讀到最後。
數位行銷是個瞬息萬變的領域，建議大家要時時補充新的資訊。

假如你對本書的內容有什麼不懂的地方，或是想知道更詳細的資訊，歡迎到Twitter（@yumaendo）留言詢問。

另外，本書部落格（https://www.essentialdigitalmarketing.com）上，刊登了幾篇濃縮本書精華的文章，歡迎大家也參考指教。

作 者 介 紹

遠藤結萬（Endo Yuma）

生長於京都府京都市。早稻田大學畢業。
大學畢業後進入Google股份有限公司（現為Google有限責任公司），隸屬於廣告業務總
部，在東京辦公室負責中小企業廣告諮詢，以及亞太地區分析等業務。在職期間曾獲得APAC
Innovation Gold Award。
離職後投身行銷領域，創立sparcc股份有限公司，除了研發自動化廣告工具外，也協助東證一
部上市企業內製化、支援海外企業進軍日本、輔導新創企業規劃策略等等，為各式各樣的客戶
提供解決方案。

基礎數位行銷官方部落格：
https://www.essentialdigitalmarketing.com
Twitter：https://twitter.com/yumaendo

日文版staff
內頁設計＋排版　矢野のり子＋島津デザイン事務所
插圖　中山成子

※請自行判斷如何運用本書內容，如有損害等情形發生，作者及出版社概不負責，敬請見諒。

Google行銷人傳授
數位行銷的獲利公式

2019年6月1日初版第一刷發行

作　　者	遠藤結萬
譯　　者	王美娟
編　　輯	曾羽辰
特約美編	鄭佳容
發 行 人	南部裕
發 行 所	台灣東販股份有限公司
	＜地址＞台北市南京東路4段130號2F-1
	＜電話＞(02)2577-8878
	＜傳真＞(02)2577-8896
	＜網址＞http://www.tohan.com.tw
郵撥帳號	1405049-4
法律顧問	蕭雄淋律師
總 經 銷	聯合發行股份有限公司
	＜電話＞(02)2917-8022

著作權所有，禁止轉載。
購買本書者，如遇缺頁或裝訂錯誤，
請寄回更換（海外地區除外）。
Printed in Taiwan.

國家圖書館出版品預行編目資料

Google行銷人傳授 數位行銷的獲利公式 / 遠藤結萬
著；王美娟譯. -- 初版. -- 臺北市：臺灣東販，
2019.06
248面；14.7×21公分
ISBN 978-986-511-015-4(平裝)

1.網路行銷 2.電子行銷 3.行銷策略

496   108006471

SEKAI KIJUN DE MANABERU ESSENTIAL DIGITAL
MARKETING by Yuma Endo
Copyright © 2018 sparcc Inc.
All rights reserved.
Original Japanese edition published by Gijutsu-
Hyoron Co., Ltd., Tokyo

This Complex Chinese edition is published by
arrangement with Gijutsu-Hyoron Co., Ltd., Tokyo
in care of Tuttle-Mori Agency, Inc., Tokyo.